Anatomie und Biologie der augenlosen Landlungenschnecke Caecilioides acicula Müll.

Inaugural-Dissertation

zur Erlangung der Doktorwürde

der Hohen Philosophischen Fakultät

der Universität Leipzig

vorgelegt von

Walter Wächtler

aus Mylau i. V.

Mit 80 Figuren im Text

Springer-Verlag Berlin Heidelberg GmbH 1929

Angenommen von der mathematisch-naturwissenschaftlichen Abteilung
der Philosophischen Fakultät auf Grund der Gutachten
der Herren Meisenheimer und Ruhland.

Leipzig, den 21. Juni 1928.

Zade

d. Z. Dekan
der mathematisch-naturwissenschaftlichen Abteilung
der Philosophischen Fakultät

ISBN 978-3-662-40861-2   ISBN 978-3-662-41345-6 (eBook)
DOI 10.1007/978-3-662-41345-6

Sonderabdruck aus:
„Zeitschrift für Morphologie und Ökologie der Tiere"
Bd. 13, Heft 3/4

Meinen lieben Eltern

in Dankbarkeit gewidmet

Einleitung.

Die Kenntnis der Anatomie und Biologie der mehr oder weniger verborgen lebenden minutiösen Landschnecken ist noch recht lückenhaft. Die reiche anatomische und biologische Literatur, die bis jetzt über die stylommatophoren Lungenschnecken vorliegt, berücksichtigt in der Hauptsache die leicht zu erlangenden, großen und mittelgroßen Formen. STEENBERG hat neuerdings die Pupilliden durchgearbeitet und damit einen festen Grund gelegt für das Studium dieser Gruppe der Kleinformen. Für andere Familien, z. B. die Ferussaciiden, sind brauchbare Angaben nur in ganz beschränktem Umfang vorhanden[1]. Um diese Lücke unserer Kenntnis der einheimischen Fauna mit ausfüllen zu helfen, unternahm ich es, die augenlose *Caecilioides acicula* monographisch zu

---

[1] S. Nachtrag.

beschreiben. Diese Schnecke ist infolge ihrer subterranen Lebensweise besonders interessant und bis jetzt nur selten lebend aufgefunden worden. Ich war mir der Schwierigkeiten bewußt, die der Bearbeitung eines so kleinen Tieres, sowohl durch die mühevolle Materialbeschaffung, als auch in technischer Hinsicht, im Wege stehen. Möge angesichts dieser Schwierigkeiten entschuldigt werden, daß ich so manche Frage ganz oder zum Teil offen lassen mußte.

Es ist mir eine angenehme Pflicht, meinem hochverehrten Lehrer, Herrn Prof. Dr. MEISENHEIMER für die freundliche Unterstützung, die er mir gewährte, an dieser Stelle meinen Dank auszusprechen. Ebenso danke ich Herrn Privatdozenten Dr. GRIMPE, der mir die erste Anregung zu diesem Thema gab, und Herrn Dr. A. WETZEL für wertvolle Hilfe bei der Herstellung der Photographien.

Technik.

Der anatomische Aufbau der *Caecilioides acicula* wurde an Sektionspräparaten und Schnittserien untersucht. Zum Abtöten wurden die Schnecken einzeln in Uhrschälchen untergebracht und dann, wenn der Fuß des kriechenden Tieres völlig gestreckt war, plötzlich mit etwa 60⁰ heißer Fixierungsflüssigkeit übergossen. Vorheriges Betäuben durch Einlegen in Wasser oder Kokainlösung ist zwecklos und überflüssig. Mit einiger Übung gelingt es fast stets, die Tiere im völlig ausgestreckten Zustand zu fixieren. Nicht einmal die Tentakel werden eingezogen, wenn die Überraschungsmethode richtig angewendet wird.

Als Fixierungsmittel bewährte sich konzentrierte Sublimatlösung. Noch zweckmäßiger war es meist, das übliche Sublimat-Eisessig-Gemisch oder ZENKERsche Flüssigkeit anzuwenden, weil durch die darin enthaltene Essigsäure zugleich die Schale mit entkalkt wird. Fixiert wurde 1—3 Stunden.

Für Sektionszwecke wurde das in Alkohol gehärtete Material durch kurzes Einlegen in Alkohol 40% + Ammoniakzusatz wieder erweicht. Die Sektion war nur unter dem Binokular bei 20—40 facher Vergrößerung möglich. Zweiseitig angeschliffene und in einem Nadelhalter befestigte feinste Insektennadeln (Minutienstifte!) waren sehr brauchbare Sektionsinstrumente. Gute Dienste leisteten daneben noch sehr spitze, halbseitige Lanzetten, deren Spitze noch besonders angeschliffen wurde. Die durch Sezieren und Zerzupfen freigelegten Organe wurden mit Alaunkarmin gefärbt und in Kanadabalsam eingeschlossen.

Zur Nachprüfung der Sektionsbefunde und zum Studium der Histologie waren 3—7 $^1/_2$ μ dicke Längs- und Querschnittserien sehr wertvoll. Für die Einbettung zum Schneiden war die kombinierte Nelkenöl-Celloidin-Paraffinmethode am vorteilhaftesten. Die Schnitte wurden meist mit Hämatoxylin-Eosin gefärbt. Die MALLORYsche Bindegewebsfärbung lieferte in der von Geidies vereinfachten Anwendung gute Drüsenfärbungen, während die elektive Färbung des Bindegewebes zu wünschen übrig ließ. Zur Kontrolle der Sektionsbefunde und der Schnittserien stellte ich vom Nierensack und der Kloakenregion des Mantelwulstes Wachsplattenmodelle her.

Schwierig war die Darstellung der Hautskulpturen des Fußes, weil diese in den gebräuchlichen Einschlußmitteln unsichtbar werden. Ich half mir dadurch, daß ich die Objekte durch die Alkoholreihe vorsichtig härtete und dann in Xylol überführte [1]. Nach völliger Durchtränkung wurde das Objekt mit einer Nadel oder einem spitz zugeschnittenen Papierstreifen so lange frei in der Luft gehalten, bis das Xylol verdunstet war. Die so erhaltenen Trockenpräparate wurden nun auf dem Objektträger auf schwarzer Unterlage aufgeklebt und mit Deckglas und Umrandung versehen. Um eine allseitige Untersuchung zu ermöglichen, empfiehlt es sich oft, die getrockneten Objekte in feinausgezogene Glasröhren einzuschließen. Bei vorsichtigem Arbeiten bleibt die Form der Objekte vollständig erhalten, ohne auch nur die Spur einer Schrumpfung zu zeigen.

Zur Untersuchung des Schalenaufbaues stellte ich Dünnschliffe her.

Vorkommen.

Die *Caecilioides acicula* lebt an nicht zu trockenen Orten im Boden und geht nach meinen Beobachtungen kaum tiefer wie 40 cm. Da sie infolge ihrer geringen Größe selbst nicht nennenswert „graben" hann, bevorzugt sie vor allem lockeres Erdreich, das von kleinen Hohlräumen durchsetzt ist. In den engen Spalten und Löchern, wie sie sich in der Verwitterungserde finden, dringt sie im Boden vor oder benutzt die Gänge, die durch abgestorbene Wurzeln, Regenwürmer, Mäuse, Maulwürfe usw. erzeugt werden. Daß lebende *Caecilioides* bis jetzt nur selten aufgefunden worden sind, muß überraschen. Lassen sich doch leere Gehäuse an vielen Orten und vor allem in Flußanspülungen unschwer erlangen. Bei Anwendung geeigneter Sammelmethoden (80) ergibt sich denn auch, daß dieses Tier bei uns durchaus nicht so „selten" ist, wie landläufig angenommen wird.

Mein Material stammte zum größten Teil aus einem verlassenen Kalksteinbruch in Pöhl bei Jocketa im Vogtland; einige Exemplare sammelte ich an Bergabhängen der Umgegend von Jena.

Äußere Organisationsverhältnisse.

Der in Fuß und Eingeweidesack gegliederte Körper der *Caecilioides acicula* (Abb. 1) zeigt hinsichtlich seiner Gestalt im wesentlichen die von der Mehrzahl der Stylommatophoren bekannten Verhältnisse. An

---

[1] Dieselbe Methode hat bereits Semper mit Erfolg angewendet (63).

dem seitlich stark komprimierten Fuß läßt sich ein nicht deutlich abgesetzter Kopfabschnitt unterscheiden, der Träger der Mundöffnung und der Tentakel ist. Nach hinten zu ist der beim kriechenden Tier weit ausgestreckte Fuß in eine stark verjüngte Schwanzspitze ausgezogen, während seine Unterseite zu einer Kriechsohle abgeplattet ist. Der untere Teil des Eingeweidesackes wird umgeben von dem „Mantel", durch den die Lungenhöhle gebildet wird. Er stellt eine Hautduplikatur dar, die an ihrer

Abb. 1. *Caecilioides acicula* kriechend. Etwa 8 × vergr.

Basis als „Mantelwulst" stark verdickt und bis auf das „Atemloch" ringförmig mit dem Integument des Fußes verwachsen ist. Der Eingeweidesack liegt innerhalb der hochgewundenen, spindelförmigen Schale, in die sich das Tier völlig zurückziehen kann. Beim lebenden Tier leuchten durch das glashelle Gehäuse die leder- bis rostbraunen Leberlappen hindurch, die infolge von Aufnahme chlorophyllhaltiger Nahrung vorübergehend grün gefärbt sein können.

Die Länge des Gehäuses schwankt beim erwachsenen Tier zwischen 4,5 und 5,5 mm; sein größter Durchmesser beträgt 1,3—1,5 mm. Der ausgestreckte Fuß ist von der Mundöffnung bis zur Schwanzspitze etwa 2,5 mm lang, die Sohle kaum $1/_3$ mm breit. Wie der Querschnitt (Abb. 2) zeigt, steht dieser geringen Sohlenbreite eine recht beträchtliche Höhe des Fußes gegenüber. Erstaunlich ist, daß bei der geringen Breite der Unterstützungsfläche, also einer sehr ungünstigen Lage des Schwerpunktes, der Fuß mitsamt der Last des

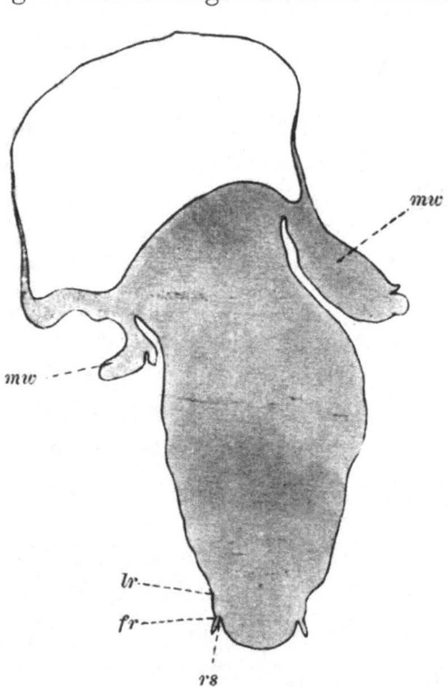

Abb. 2. Querschnitt des Fußes.

Gehäuses und Eingeweidesackes von der kriechenden Schnecke im Gleichgewicht erhalten, ja das Gehäuse gar senkrecht aufgestellt werden kann. Ergibt sich doch aus dem abgebildeten Querschnitt, der durch die Fußmitte und den vorderen Bezirk der Lungenhöhle geführt ist, ein Verhältnis von Sohlenbreite zu Fußhöhe = 1:4. Dabei ist als Höhe des Fußes eine Gerade von der Sohle bis zum Diaphragma, dem Boden der Lungenhöhle, angenommen. *Caecilioides acicula* dürfte in bezug auf die geringe Sohlenbreite unter den bisher bekannten Landschnecken das Extrem darstellen.

Unter gleichen Bedingungen wie bei *Caecilioides* verhalten sich nach SCHMIDT (61, Textfig. 13) bei der Weinbergschnecke die Breite der Sohle zu Fußhöhe = 1:1. Die Sohlenbreite gleicht hier also der Höhe des Fußes und übertrifft sie oft noch. Für *Vitrina pellucida* ist nach ECKARDT (16, Textfig. 12) das Verhältnis etwa wie 1:3. Leider sind bis jetzt diese Verhältnisse kaum beobachtet worden, so daß es zur Zeit noch unmöglich ist, sich ein Urteil zu bilden über die Beziehungen der Sohlenbreite zur Lokomotion bzw. über den Wert, den das Verhältnis von Höhe des Fußes zu Sohlenbreite etwa für die Systematik hat.

Der Fuß der *Caecilioides* ist pergamentfarbig [1] und trägt die für das Gros der Landschnecken typischen Furchen und Runzeln. Die Anordnung dieser Hautskulpturen aber ist spezifisch. Auf der Dorsalseite des Fußes entspringen unter dem Mantelwulst zwei parallele „Nackenfurchen", die kopfwärts verlaufen und zwischen sich ein schmales, wulstartiges Mittelfeld lassen, das durch zahlreiche Querfurchen in kleine viereckige Felder geteilt wird (Abb. 3). Diese doppelte Nackenrinne geht allerdings bei *Caecilioides acicula* nicht wie bei vielen anderen Pulmonaten in die feineren

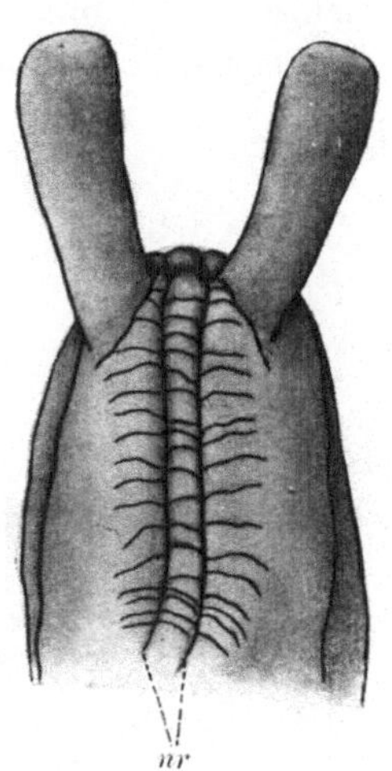

Abb. 3. Kopfabschnitt des Fußes (dorsal). 53 × vergr.

Furchen der Kopfregion über, sondern setzt sich zwischen den oberen Tentakeln hindurch fort bis zu dem Lippenkranz, der den Mundeingang umgibt. Durch jenseits der Nackenrinnen gelegene Querfurchen gewinnen diejenigen des „Mittelfeldes" Anschluß an die Furchen der Seitenflächen des Fußes bzw. an die des Kopfabschnittes.

Über die Verteilung der Hautskulpturen an den Seiten des Körpers gibt die Abb. 4 Aufschluß. Charakteristisch für die *Caecilioides acicula* sind vier tiefe Furchen, die zu beiden Seiten der doppelten Nackenrinne unter dem Mantelwulst entspringen, und die an der oberen Hälfte der Fußseiten schräg abwärts verlaufen. Die oberste dieser „Schrägrinnen" reicht noch über das vorderste Drittel des Fußes hinaus. Vorn, wo sie

---

[1] Die älteren Angaben, nach denen das Tier eine „milchweiße bis schwefelgelbe" (LEHMANN u. a.) oder gar „grell orangerote" (ULLEPITSCH) Farbe haben soll, sind nicht zutreffend.

ventral abgebogen ist, gewinnt sie als einzige von den vier Rinnen Anschluß an die Kopfregion, die durch kleine, längs und quer verlaufende
Furchen stark gerunzelt erscheint. In dem genannten, ventral verlau-
fenden Teil der obersten Schrägrinne liegt auf der rechten Körperseite
die spaltförmige Geschlechtsöffnung.

An der Basis der Seitenflächen des Fußes ist ein sehr schmaler „Fußsaum abgesetzt durch die „Fußsaumrinne", einer Längsfurche, die vorn
am Kopf zu beiden Seiten der Mundöffnung entspringt und um den
gesamten Fuß herumläuft. Mit der Fußsaumfurche konvergiert eine
etwas oberhalb von ihr entlanglaufende zweite Längsfurche. Diese entspringt unmittelbar hinter den unteren Tentakeln und zieht in leichtem
Zickzack nach hinten, bis sie am Schwanzende in die vorige einmündet.
Zahlreiche Transversalfurchen zerlegen den schmalen basalen Streifen,

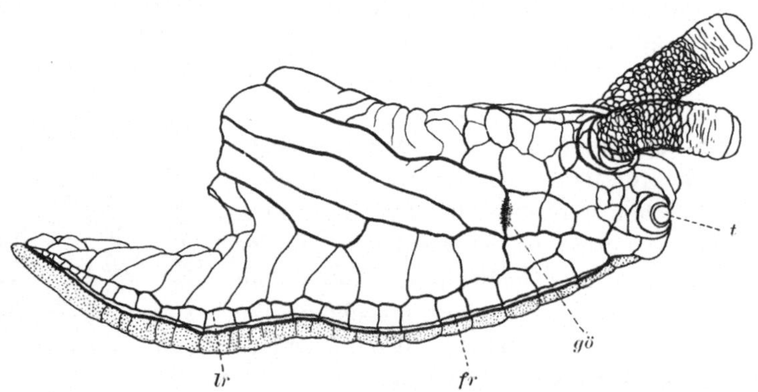

Abb. 4. Fuß (Seitenansicht). 35 × vergr.

der durch diese „untere Längsrinne" von den Körperseiten abgesetzt
wird, in eine Anzahl kleine, vier- bis fünfeckige Felder und setzen sich
zum Teil noch über die Fußsaumrinne hinweg auf den Fußsaum fort,
auch diesen in kleine Felder aufteilend. Längere Querfurchen, die weiter
auseinander liegen und fast parallel zu einander verlaufen, stellen die
Verbindung her zwischen der unteren Längsfurche und den oberen
Schrägrinnen. Sie teilen das dazwischen gelegene Mittelfeld in eine Anzahl größerer Runzeln, die nach der Schwanzspitze zu kleiner werden.
Eine „Schwanzdrüse" ist im Gegensatz zu *Ferussacia gronoviana* (29)
nicht vorhanden.

Kopfwärts wird die Anordnung der Skulpturen unregelmäßig, indem
die einzelnen Furchen näher beieinander liegen und sich zwischen die
an den Körperseiten vorhandenen neue einschieben. Für die Basis der
Tentakel sind zwei mehr oder weniger deutliche Ringwülste charakteristisch, die bei den oberen Tentakeln wiederum durch transversale und
schräge Furchen mehrfach aufgeteilt sind. Die übrige Oberfläche der

großen Tentakel erscheint mit Ausnahme der leicht angeschwollenen Spitze durch zahllose kleine Runzeln fein gekörnelt. Die Tentakelspitze dagegen erscheint fast glatt und zeigt im leicht kontrahierten Zustand (Abb. 4) einzelne seichte Ringfurchen. Von diesen ist die „bogenförmige Furche" der Sinneskalotte zu unterscheiden, in der bei den augentragenden Stylommatophoren das Auge liegt. Die kurzen unteren Tentakel sind völlig glatt; ebenso die Mundlappen, die als drittes, nicht retraktiles Tentakelpaar (siehe S. 423) aufzufassen sind.

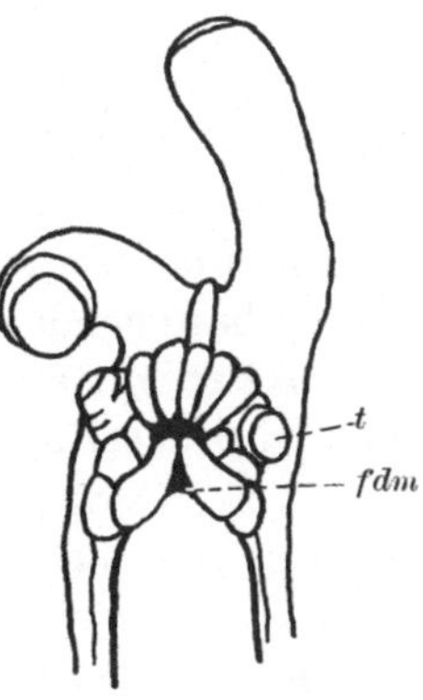

Abb. 5. Kopfabschnitt (Ventralansicht). 75 × vergr.

Der Kopf ist nach vorn zu etwas schnauzenartig verlängert, jedoch nicht so weit wie bei *Ferussacia gronoviana*, wo der Kopf zu einer Art Rüssel ausgezogen ist (29). Die Schnauzenbildung kommt durch eine Anzahl mehr und weniger großer Lippenwülste oder Mundpapillen zustande, zwischen denen, etwas ventral, die T-förmige Mundöffnung liegt (Abb. 5). Die Lippenwülste sind so angeordnet, daß die Mundöffnung auf der Dorsalseite von fünf größeren Wülsten umgeben wird, an die sich nach unten zu auf jeder Seite zwei kleinere, unmittelbar vor den unteren Tentakeln gelegene, anschließen. So entsteht insgesamt ein hufeisenförmiger Wulstkranz, der von den bereits oben erwähnten Mundlappen abgeschlossen wird. Unmittelbar unter den Mundlappen, also zwischen der Mundöffnung und dem Vorderrand der Fußsohle, liegt die Ausmündung der Fußdrüse.

Zahl und Anordnung der Mundpapillen, die uns bei *Caecilioides acicula* entgegentreten, sind wohl mehr oder weniger typisch für die Landgehäuseschnecken überhaupt. Am meisten gleichen die beschriebenen Verhältnisse denen von *Stenogyra decollata*, bei der auch die Form der Lippenwülste ganz ähnlich ist (WILLE 83, Abb. 19).

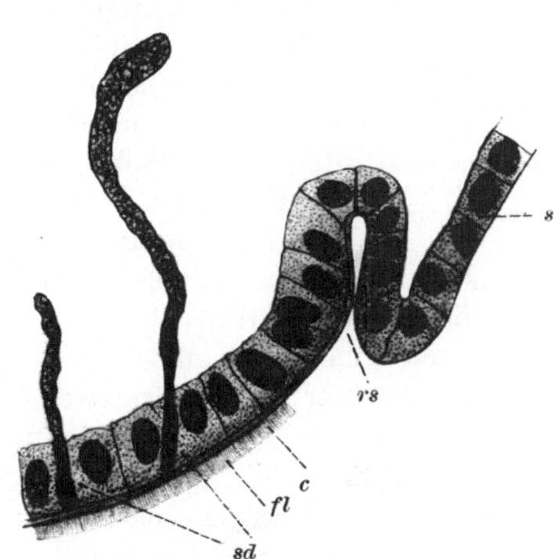

Abb. 6. Epithel der Sohle mit Sohlendrüsen. 720 × vergr.

Die Sohle ist deutlich dreigeteilt (Abb. 2). Bei dem von der Unterlage abgehobenen, oder bei dem konservierten Tier erscheint das verhältnismäßig sehr breite Mittelfeld der Sohle wulstartig vorgewölbt. Die Seitenfelder sind extrem verschmälert und von dem Mittelfeld durch eine tiefe Furche getrennt (Abb. 6), die ich als „Sohlenrinne“ bezeichnen möchte.

Integument und Fußdrüse.

Der gesamte Körper der *Caecilioides acicula* ist von einem einschichtigen Epithel überzogen, dessen Zellhöhe je nach der Lage beträchtlichen Schwankungen unterworfen ist. Nacken und Seiten des Fußes, sowie die Seiten der Tentakel, besitzen eine aus kubischen Zellen mit kugligen Kernen bestehende Epidermis. In der Umgebung der Mundöffnung, auf dem breiten Mittelfeld der Sohle und an der Stirnfläche der oberen Tentakel wird das Epithel zylindrisch. Gleichzeitig verdickt sich an diesen Stellen die Cuticula, die an den übrigen Teilen des Fußes kaum merklich ausgebildet ist. Innerhalb der eingesenkten Furchen und Rinnen des Fußes flachen sich die Zellen etwas ab. Infolgedessen erscheint hier das Epithel weniger dick wie auf den dazwischen gelegenen Erhebungen des Integumentes. Die Sohle trägt außer der dicken Cuticula noch einen kräftigen Flimmerbesatz. Doch erstreckt sich dieser nur auf das Mittelfeld und endet beiderseits völlig unvermittelt noch vor der „Sohlenrinne“, die das schmale Seitenfeld vom Mittelteil absetzt (Abb. 6).

Diejenigen Teile des Fußes, die dauernd von der Schale bedeckt sind, werden von einem sehr dünnen Epithel umhüllt, dessen Zellelemente stark abgeflacht sind (Abb. 7).

Im Bereiche des gesamten Körperepithels ist eine Basalmembran ausgebildet, die vor allem in der vorderen Region des Fußes sehr deutlich zu erkennen ist. Unter der Epidermis liegt ein mehr oder weniger dickes Polster von Muskelfasern und fibrillärem Bindegewebe. Während

Abb. 7. Epithel des Eingeweidesackes. 800 × vergr.

diese Unterlage des Epithels innerhalb des Eingeweidesackes außerordentlich dünn ist, treten im Integument des Fußes die Muskelfasern zu dickeren Bündeln zusammen, die sich vielfach kreuzen und als dichtes Geflecht entweder in der Körperwand verlaufen oder die Bluträume des Fußes durchsetzen. Wir werden darauf bei Besprechung der Muskulatur zurückkommen.

Für die Teile des Schneckenkörpers, die aus dem Gehäuse hervorgestreckt werden können, ist der Reichtum an einzelligen Drüsen charakteristisch. Wie immer, sind diese Drüsenzellen auch bei *Caecilioides* meist tief eingesenkt in das Bindegewebs- und Muskelpolster der Körperwand, während ein dünner Ausführgang das Epithel durchdringt und die Sekrete nach außen entleert. Ich fand bei *Caecilioides acicula* Schleim-, Kalk- und Eiweißdrüsen. ZILL (88) hat von der Weinbergschnecke noch „Pigmentdrüsen" beschrieben. Diese konnte ich bei *Caecilioides* nicht nachweisen.

Die Schleimdrüsen der Fußsohle (Abb. 6) sind schmale und langgestreckte Drüsenzellen. Ihr leicht körniger Inhalt färbt sich mit Hämatoxylin blau-violett, doch nicht sehr intensiv. Nach ZILL ist das Sekret dieser Zellen chemisch verschieden von dem der übrigen Schleimdrüsen. Deshalb unterscheidet er die „Sohlendrüsen" als besondere Form der Schleimdrüsen von denen des Mantels und der Seiten. Sie finden sich bei *Caecilioides acicula* lediglich zwischen den Zylinderzellen des mittleren Sohlenfeldes. Bei der Weinbergschnecke dagegen treten die „Sohlendrüsen" auch an gewissen Stellen des Mantels und an den Fühlern auf. Die Tentakel der *Caecilioides acicula* sind nach meinen Beobachtungen völlig drüsenfrei.

Viel auffallender wie die Sohlendrüsen sind im Schnittbild die Schleimdrüsen der Körperseiten und des Mantelwulstes (Abb. 8 *sld*), die ZILL mit dem wenig glücklichen Namen „Manteldrüsen" belegt hat. Diese Drüsenzellen

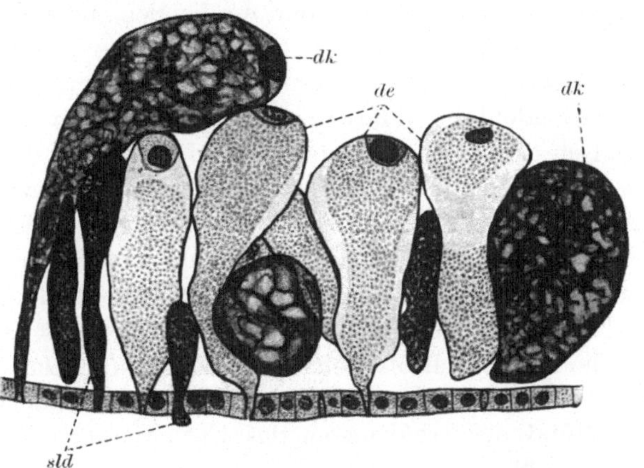

Abb. 8. Hautdrüsen des Fußes.   600 × vergr.

sind bei gleicher Länge wie die vorigen meist etwas bauchiger, mehr flaschenförmig. Doch kann ihre Gestalt sehr wechseln und ist oft durch das umgebende Gewebe beeinflußt. Mit Hämatoxylin färben sie sich äußerst intensiv dunkelviolett. Sie sind erfüllt von einer hellen Flüssigkeit, in derem fädigen Gerüst sehr zahlreiche rundliche bis längliche Körperchen liegen. Diese zweite Form der Schleimdrüsen ist über den ganzen Fuß mit Ausnahme der Sohle und der Tentakel verteilt. Wenig zahlreich finden sie sich am Kopf. Um so häufiger sind sie in dem mittleren und hinteren Teil der Fußseiten. Am Mantelrand treten sie stark zurück hinter den Kalkdrüsen.

Die Kalkdrüsen (Abb. 8 *dk*) unterscheiden sich hinsichtlich der Färbbarkeit nur wenig von den Schleimdrüsen. Doch sind sie leicht zu erkennen durch ihre außerordentliche Größe und ihren wabigen Inhalt. An den meist blasig angeschwollenen Drüsenbauch, der tief ins subepitheliale Gewebe eingebettet ist, schließt sich ein dünner Ausführgang an. Bandförmige Kalkdrüsen, wie sie ZILL von *Helix pomatia* beschreibt, habe ich bei *Caecilioides acicula* nicht beobachtet. Im Mantelwulst liegen diese Kalkdrüsen dicht nebeneinander, an manchen Stellen kaum schmale Bindegewebsbrücken zwischen sich lassend und alle anderen Drüsenformen hier an Zahl weit übertreffend. Wir finden sie wieder im mittleren und hinteren Fußabschnitt, wo sie aber hinter den Schleim- und Eiweißdrüsen stark zurücktreten.

Wie außerordentlich zahlreich die Eiweißdrüsen in der hinteren Hälfte des Fußes auftreten, zeigt die Abb. 8 (*de*). Sie gibt auch zugleich eine Vorstellung von den Größenverhältnissen der einzelnen Drüsenformen. Die Eiweißdrüsen nehmen hinsichtlich ihrer Größe etwa eine Mittelstellung ein zwischen den Schleim- und Kalkdrüsen. Durch den kurzen, dünnen Ausführgang besitzen diese Zellen meist birnenförmige Gestalt. Kern und Plasma sind wie bei den anderen Hautdrüsen auf einen kleinen, basalen Wandbezirk beschränkt. Der fein- bis grobkörnige Inhalt der Eiweißdrüsen ist im Gegensatz zu den basophilen Schleim- und Kalkdrüsen acidophil und färbt sich mit Eosin intensiv rot, mit MALLORYschem Gemisch (27) leuchtend braun-rot. Durch die Fixierung ist das Sekret oft leicht von der Wand abgehoben. Der grobkörnige Drüseninhalt ist stark lichtbrechend. Infolgedessen erscheinen diese Zellen bei schwacher Vergrößerung schwarz. Im Dunkelfeld dagegen treten sie am Totalpräparat des Fußes als leuchtende, gelbliche Gebilde sehr deutlich hervor, so daß sich ihre Verteilung über den Körper sehr leicht feststellen läßt.

Die Drüsen der Mantelrinne werden am besten bei der Beschreibung der Schale mit behandelt, während die „Kloakendrüse" zugleich mit den Mündungsverhältnissen des Darmes und des Ureters beschrieben werden soll.

Die Fußdrüse der *Caecilioides acicula* wird von zahlreichen Drüsenzellen gebildet, die zum Teil tief in das umgebende Bindegewebe bzw. Muskelpolster des Fußes eingebettet sind und ihr Sekret in einen gemeinsamen Ausführgang ergießen. Dieser Ausführkanal der Fußdrüse mündet unterhalb der Mundöffnung zwischen Mundlappen und Vorderrand der Sohle nach außen aus (Abb. 5). Er stellt ein dorsoventral abgeplattetes Rohr dar, das am aboralen Ende blind geschlossen ist und sich kurz vor der Ausmündung etwas verbreitert. Innerhalb des unteren Fußsinus (siehe S. 401) gelegen, erstreckt er sich über mehr als ein Drittel der gesamten Fußlänge (Abb. 19). Von irgendwelchen größeren Faltenbildungen des Wandepithels kann bei der Fußdrüse der *Caecilioides* kaum die Rede sein. Nur im hintersten Abschnitt, kurz vor dem Ende des Ganges, finden sich auf der Dorsalseite wenige ganz leichte Vorwölbungen, die durch wechselnde Höhe der Epithelzellen zustande kommen. Und im vorderen Abschnitt zeigt die ventrale Wand des Kanals eine außerordentlich seichte mediane Einsenkung, ohne daß man von eigentlichen Falten sprechen könnte.

Histologisch besteht der Ausführgang der Fußdrüse aus einem einschichtigen Epithel (Abb. 9), dem außen Bindegewebsfasern anliegen. Im hinteren Abschnitt des Ganges besteht das Epithel aus nicht sehr hohen Zylinderzellen, deren chromatinarme, längliche Kerne zentral liegen. Mundwärts flachen sich die Zellen immer mehr ab, so daß der vordere Teil des Ausführganges von einem dünnen kubischen Epithel gebildet wird. Mit Ausnahme eines kurzen, hintersten Bezirkes trägt das Epithel der Ventralseite einen hohen und kräftigen Wimperbesatz sowie eine dünne Cuticula. Im Bereiche der genannten medianen „Einsenkung" fehlt die Bewimperung. Auf diese Weise kommt eine schmale Mittelrinne zustande, in die die Ausführgänge der Drüsenzellen einmünden. Kurz vor der Mündung der Fußdrüse verliert sich diese flimmerlose Rinne, und die Bewimperung erstreckt sich nun über das gesamte Epithel der Ventralseite. Dieses Flimmerepithel geht an der Mündung unmerklich über in das bewimperte Zylinderepithel des Mittelfeldes der Fußsohle (Abb. 10).

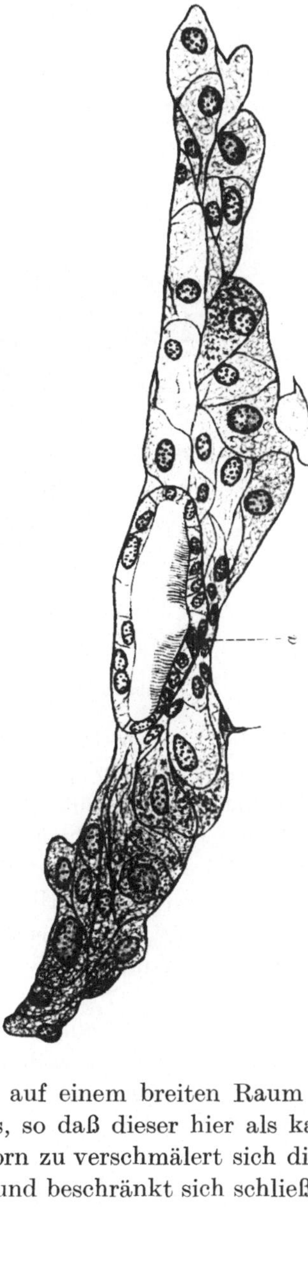

Was den Drüsenbelag betrifft, so können wir auch bei *Caecilioides* eine „ventrale Drüse" von einer „dorsalen" unterscheiden. Die ventrale Drüse liegt dem Ausführgang ventral und seitlich als mehr oder weniger dickes Paket an, ohne aber auf die Dorsalseite überzugreifen. Sie ist am mächtigsten entwickelt im hinteren und mittleren Abschnitt der Fußdrüse. Hier drängen sich die einzelnen Drüsenelemente dicht zusammen und bilden eine kompakte Masse, die weit nach beiden Seiten auslädt. Die zahlreichen Ausführgänge liegen eng beieinander und durchbrechen auf einem breiten Raum das ventrale Wandepithel des Ausführkanales, so daß dieser hier als kaum $^3/_4$ geschlossenes Rohr erscheint. Nach vorn zu verschmälert sich dieser ventrale, von Epithelzellen freie Streifen und beschränkt sich schließlich

Abb. 9. Querschnitt durch die Fußdrüse (nur ventrale Drüsen sind getroffen!). 600 × vergr.

auf den flimmerlosen, medianen Bezirk. Gleichzeitig flacht sich die Drüsenmasse zentral ab und erstreckt sich unter leichter Auflockerung mehr
seitlich (Abb. 9). Die ventralen Drüsenzellen nehmen so oralwärts immer
mehr an Zahl ab und verlieren sich endlich völlig in dem verbreiterten
Mündungsbezirk des Ausführganges der Fußdrüse.

Mit dem Verschwinden der ventralen Drüsen geht parallel das Auftreten von einem dorsalen Drüsenbelag, der „dorsalen Drüse". Diese
bedeckt vor allem das vordere Drittel des Ausführkanales und endet
kurz vor dessen Ausmündung. Ihre Drüsenelemente beschränken sich
lediglich auf die Dorsalseite des Kanals, dessen Wandepithel mit ihren
Ausführgängen durchsetzend. Trotz gleicher Größe der Drüsenzellen

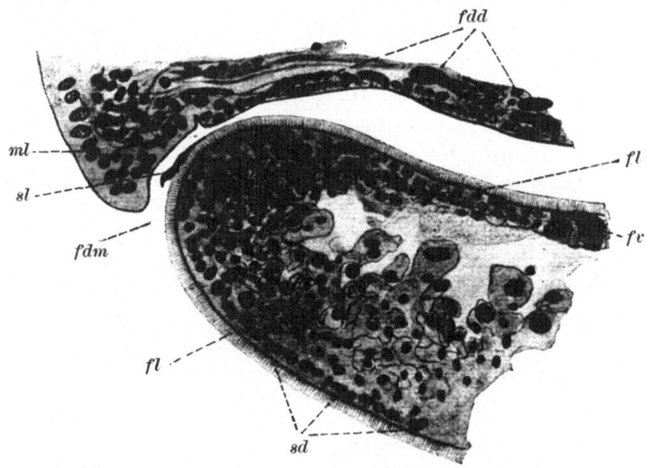

Abb. 10. Mündung der Fußdrüse (längs). 375 ✕ vergr.

erreicht die „dorsale Drüse" doch nicht einmal annähernd die Mächtig-
keit und Ausdehnung der „ventralen Drüse".

Sämtliche Drüsenzellen färben sich mit Hämatoxylin intensiv dunkelviolett, mit MALLORYschem Gemisch leuchtend hellblau. Die Zellen der
dorsalen Drüse sind weder durch ihre Färbbarkeit noch durch die Struktur ihres Inhaltes wesentlich unterschieden von denen der ventralen
Drüse; und es ist mindestens fraglich, ob es sich wirklich um zweierlei
Drüsenformen handelt, wie es vielfach für andere Stylommatophoren
angenommen wird (70).

Form und Anordnung der Drüsenelemente der Fußdrüse hat die
Caecilioides acicula mit zahlreichen anderen Stylommatophoren gemeinsam. Bei fast allen Landschnecken werden für den Boden des Ausführganges zwei Längswülste von oft beträchtlicher Höhe angegeben
(*Paralimax* [76], *Daudebardia* [59]), zwischen denen das Wandepithel
mehr oder weniger tief eingesenkt ist. Bei *Caecilioides* sind diese Falten-

bildungen nur ganz schwach angedeutet [1]. Die bei anderen Formen vorhandene zentrale Einsenkung ist ersetzt durch den flimmerlosen Mittelstreifen auf dem Epithel der Ventralseite. Dieser dürfte in derartiger Ausbildung eine Eigenart der *Caecilioides acicula* sein. Weniger auffällig ist, daß hier der Ausführgang dorsaler Falten entbehrt; denn diese sind nach unserer bisherigen Kenntnis durchaus nicht derartig allgemeiner Besitz der Stylommatophoren wie die erwähnten ventralen Längswülste.

Schale und Schalenbildung.

Die Schale (Abb. 11) der *Caecilioides acicula* ist rechtsgewunden und besteht beim erwachsenen Tier aus $5\,^1/_2$ Umgängen. Die Dicke der Umgänge wächst nach der Mündung zu nur sehr langsam. Infolgedessen erscheint das Gehäuse schlank und spindelförmig. Dagegen nimmt die Höhe der unteren Windungen beträchtlich zu, und der letzte Umgang macht beim erwachsenen Tier weit über ein Drittel der gesamten Gehäuselänge aus. Wie sich das Verhältnis von Mündungshöhe zu Gesamtlänge der Schale im Laufe des Schalenwachstums verschiebt, zeigt die Abb. 12a. Die Spindel oder „Columella" des Gehäuses ist massiv und am unteren Ende etwa wie bei den Glandinen in sehr charakteristischer Weise „gestutzt" und leicht verdickt. Nach oben zu wird sie außerordentlich dünn und erstreckt sich in Form eines schraubig gedrehten Stabes bis zum Apex (s. Abb. 11).

In den oberen vier Umgängen ist die Spindel leicht bandartig verbreitert. Bei der verhältnismäßig engen Aufwindung des Gehäuses kommt dadurch eine „spiralige Schwingung" der Columella zustande wie bei manchen Limnaeen. Am stärksten ist die Spindelschwingung bei unvollendeten Gehäusen. Mit zunehmendem Wachstum des Tieres wird die Schwingung wohl durch Kalkauflagerung schwächer und ist in der Mündung des fertig ausgebildeten Gehäuses nur ausnahmsweise noch schwach bemerkbar. Auf der photographischen Abb. 12a ist die Spindelschwingung aus technischen Gründen selbst bei den sehr jugendlichen Schalen schwer zu erkennen. Ich füge deshalb noch eine Strichzeichnung eines 2,5 mm langen Gehäuses mit stark geschwungener Columella bei (Abb. 12b).

Beim lebenden Tier ist das Gehäuse glasartig durchsichtig (vgl. S. 362). Im Tode verliert sich die Durchsichtigkeit unter den Witterungseinflüssen sehr schnell, und das Gehäuse wird milchweiß durchscheinend.

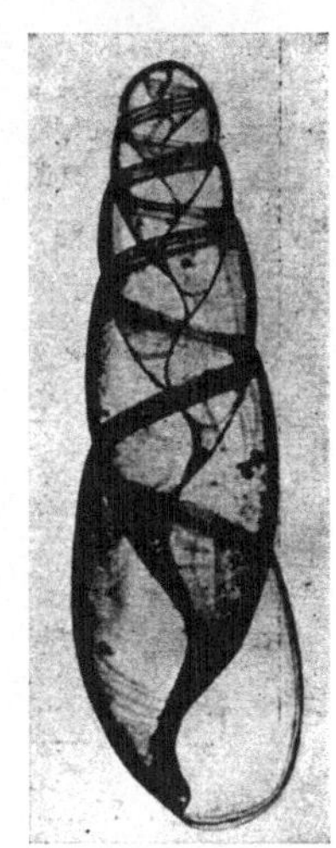

Abb. 11. Gehäuse in durchfallendem Licht. 12 × vergr.

---

[1] WILLE erwähnt bei *Stenogyra* überhaupt keine Falten.

Die einzelnen Wachstumsperioden des Gehäuses sind zu erkennen durch
die leicht verdickten „Anwachsstreifen", die den jeweiligen Mündungs-
rand darstellen und dem Außenrand der endgültigen Mündung parallel
laufen.

Von allen bekannten Landgehäuseschnecken dürfte die *Caecilioides
acicula* wohl die dünnste Schale besitzen. Beträgt doch die Stärke der
Außenwand des letzten Umganges nur etwa 0,02 mm. Und die inneren
Wände der Umgänge sind gar nur 3—4 μ dick, also kaum ein Fünftel
so stark. Es überrascht fast, wenn man sich überlegt, daß die „papier-

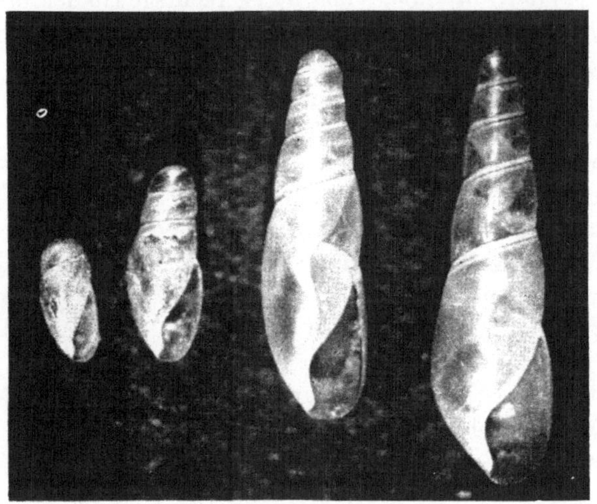

Abb. 12 a.   Abb. 12 b.

Abb. 12a. Wachstumsstadien des Gehäuses. 12 × vergr. — Abb. 12b. Gehäuse mit starker
Spindelschwingung. 16 × vergr.

dünne" Schale unserer einheimischen Vitrinen nach ECKARDT (16) 80μ
stark ist, also fast die vierfache Dicke des *Caecilioides*-Gehäuses erreicht.

Merkwürdig genug ist es, daß ein derartig dünnes Gehäuse wie das
der *Caecilioides acicula* in quartären Ablagerungen [1] oft in großer Menge
gut erhalten ist. Nach PILSBRY (58) hat man Gehäuse der *Caecilioides
acicula* auch im Pliozän, andere *Caecilioides*-Formen sogar im Miozän
gefunden. Allerdings ist diesen Angaben gegenüber etwas Vorsicht ge-
boten; denn die Altersbestimmung fossil aussehender Gehäuse ist bei
subterran lebenden Schnecken wie der *Caecilioides acicula* außerordentlich schwierig. So kann ich bei Exemplaren, die ich selbst im Löß ge-
sammelt habe, kaum sicher entscheiden, ob es sich wirklich um fossiles
Material oder nur um rezente, in den quartären Schichten lebende und
dort verendete Tiere handelt. Wenn auch so manche Altersangabe

[1] Im Löß.

fossiler *Caecilioides*-Schalen unsicher sein mag, so bleibt doch die Tatsache bestehen, daß das dünne Gehäuse einer *Caecilioides* in calciniertem Zustand größere Zeiträume hindurch im Boden erhalten bleiben kann.

Den inneren Aufbau der Schale untersuchte ich an Längsschliffen. Die angefertigten Querschliffe ließen eine genauere Untersuchung nicht zu. Den äußeren Abschluß der Schale bildet das Periostrakum (Abb. 13), ein leicht gelblich gefärbtes Häutchen von etwa $1\,\mu$ Dicke und völlig homogener Beschaffenheit, das aus organischer Substanz (Conchin) besteht. Irgendwelche Strukturen lassen sich weder im Schnitt noch am ausgebreiteten Periostrakum nachweisen.

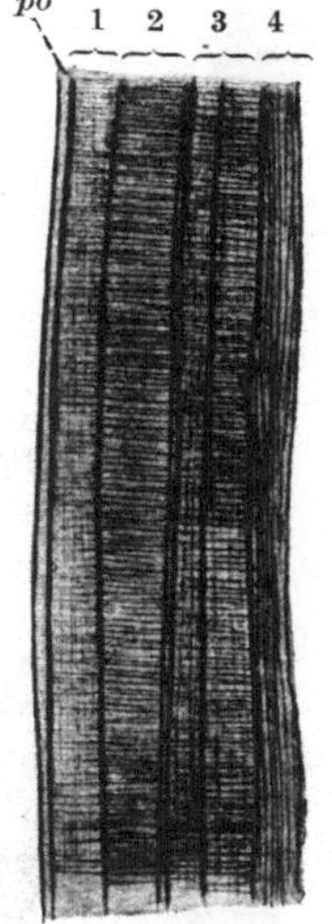

Abb. 13.
Schalenschliff
(längs).
900 $\times$ vergr.

Auf dieses organische Oberhäutchen folgen nach innen zu vier anorganische, aus Kalk bestehende Schichten, die sich infolge der Anordnung ihrer Bauelemente optisch verschieden verhalten. Die äußerste dieser Schichten zeigt eine deutliche, parallele Horizontalstreifung und erscheint durch schwache Vertikalstreifung gegittert. Die folgende, zweite Kalkschicht ist dunkler und läßt lediglich eine kräftige Vertikalstruktur erkennen. Von gleicher Farbe wie sie erscheint auch die dritte Kalkschicht. Diese setzt sich aus zwei fast gleichstarken Lagen von übereinstimmender Struktur und Farbe zusammen. In ihrem Aufbau gleicht sie der äußersten Kalkschicht, da sie wie jene durch feine Horizontal- und Vertikalstreifung ebenfalls Gitterstruktur zeigt. Doch ist hier umgekehrt wie dort die vertikale Streifung die kräftigere der beiden Strukturen. Zu innerst liegt eine sehr dünne vierte Kalkschicht mit sehr gut sichtbarer Horizontalstreifung. Diese erscheint als dunkelste aller Schichten und hebt sich dadurch deutlich von der vorigen ab. Die einzelnen Kalkschichten erscheinen im Schliff bei normaler Beleuchtung durch sehr dünne, dunkle Linien getrennt. Am deutlichsten ist diese Trennung zwischen der zweiten und dritten Schicht. Sie erscheint beim Fokusieren direkt als dünne „optische" Schicht von heller Farbe.

Interessant ist die oberste Kante der Umgänge, die sogenannte „Nahtlinie". Schon am intakten Gehäuse fällt auf, daß an der Naht entlang ein ziemlich breiter, opaker Streifen von weißlicher Färbung verläuft. Einen Längsschliff durch die „Naht" stellt die Abb. 14 dar. Diese zeigt, wie die einzelnen Kalkschichten an der Außenwand des Gewindes, kurz bevor sie den vorhergehenden Umgang erreichen, sich plötzlich verdicken und mehr oder weniger weit nach unten um biegen [1]. So wird ein

---

[1] In ähnlicher Weise sind auch bei *Helix pomatia* die Windungen aneinander angesetzt (siehe FLÖSSNER Fig. 27).

breite Basis geschaffen für die Anheftung an der vorhergehenden Windung und zugleich eine Art Versteifungsband um das gesamte Gehäuse herumgelegt.

Der Aufbau der *Caecilioides*-Schale, nämlich ihre Zusammensetzung aus Periostrakum und vier verschieden strukturierten Kalkschichten dürfte durchaus den für die Gastropodenschale typischen Verhältnissen entsprechen. Die eingehendste Beschreibung einer Schneckenschale hat bis jetzt FLÖSSNER (21) in einer sehr genauen Arbeit über das Gehäuse der Weinbergschnecke geliefert. FLÖSSNER hat bei der Weinbergschnecke vier Kalkschichten festgestellt, die von einzelnen, aus kleineren Elementen zusammengesetzten Platten gebildet werden. Die Anordnung dieser Platten ist derart, daß die verschiedenen Schichten senkrecht aufeinander stehen. Auf die älteren Bezeichnungen „Ostrakum" und „Hypostrakum" verzichtet er und benennt die Kalkschichten nach ihrer Lage als „erste" und „zweite Außenschicht" und als „erste" und „zweite Innenschicht". Wenden wir die FLÖSSNERschen Befunde auf die Schale der *Caecilioides* an, so würden deren Schichten 1 und 2 den beiden „Außenschichten", 3 und 4 den beiden „Innenschichten" der Weinbergschnecke entsprechen. Man darf wohl annehmen, daß auch der feinere Aufbau der einzelnen Kalkschichten bei *Caecilioides acicula* und die gegenseitige Anordnung ihrer Bauelemente den bei *Helix pomatia* nachgewiesenen Verhältnissen entsprechen werden. FLÖSSNER hebt hervor, daß beim Zerreißen des Schliffes „stets die beiden Außenschichten zusammenhalten, die Innenschichten dagegen abspringen". Bei *Caecilioides* habe ich zwar ein Zerreißen der Schliffe nicht beobachten können, doch sind auch hier die zwei Außenschichten anscheinend viel inniger miteinander verbunden wie die beiden inneren.

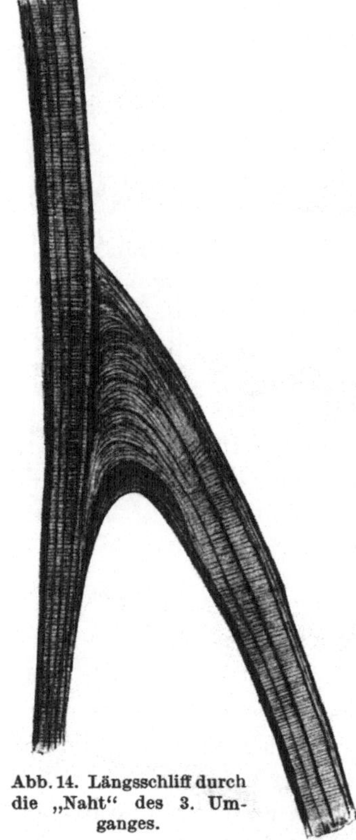

Abb. 14. Längsschliff durch die „Naht" des 3. Umganges.

Aus vier Kalkschichten besteht auch die Schale der *Helix pisana*, wie aus der von MATTHES gegebenen Abbildung (49, Textfig. 9) deutlich hervorgeht. Für das Gehäuse anderer Pulmonaten, etwa *Buliminus*, *Stenogyra* usw., werden zwar die einzelnen Kalkschichten zum Teil abweichend von FLÖSSNER angegeben. Da die Arbeiten aber alle aus der

Zeit vor dessen Untersuchung stammen, wird hier eine genaue Nachprüfung vielleicht manche bisherige Auffassung zu korrigieren haben.

Wie bekannt, geht die Bildung der Schale stets von dem Oberrand des Mantelwulstes aus. Der Bildungsherd selbst zeigt bei *Caecilioides* kaum irgendwelche Besonderheiten. Wie es für Gehäuseschnecken im allgemeinen die Regel ist, senkt sich am Vorderrand des Mantelwulstes das Epithel tief ein und bildet so eine „Mantelfurche" (Abb. 15 *m*). Innerhalb dieser Furche wird das Periostrakum abgeschieden, und zwar von einem Drüsengürtel (pd_1), der etwa das untere Drittel der distalen Wandfläche der Rinne einnimmt. Das Drüsenpolster färbt sich mit Hämatoxylin nicht sehr intensiv rötlich-violett und besteht aus niedrigen Zylinderzellen mit granuliertem Plasma und sehr chromatinarmen Kernen. Kurz vor dem Grunde der Mantelfurche schließt sich an diesen Drüsenstreifen ein flaches kubisches Epithel mit kleinen Kernen an.

An der proximalen Wandfläche der Rinne werden die Zellen wieder zylindrisch und gehen am Oberrand schließlich in ein zweites Drüsen-

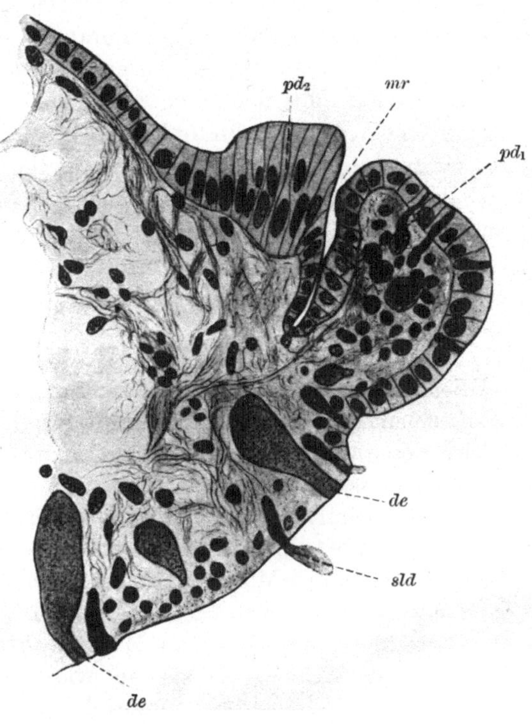

Abb. 15. Querschnitt durch die Mittelrinne. 600 × vergr.

polster (pd_2) über, das die bekannte „Bandelette palléale" (Moynier de Villepoix) darstellt. Dieses „hintere" Drüsenpaket färbt sich mit Hämatoxylin bedeutend intensiver als das oben genannte „vordere" Polster der Mantelrinne und läuft als dicker, etwas vorspringender Wulst direkt an der Mantelfurche entlang. Bei den Formen, wo eine derartige Wulstbildung nicht zustande kommt, wie etwa bei *Helix pomatia*, sind diese hohen Drüsenzellen statt dessen tief in das subepitheliale Gewebe eingebettet. Histologisch setzt sich der Wulst zusammen aus sehr schlanken zylindrischen Drüsenzellen mit feingranuliertem Inhalt und basalständigen, chromatinreichen Kernen.

Hinter diesem Drüsenwulst tritt die Oberseite etwas zurück. So entsteht ein sehr flacher Graben von bedeutender Breite, der parallel zur Mantelrinne verläuft, ohne aber deren Tiefe zu erreichen. Gleichzeitig flacht sich das drüsige Epithel allmählich ab und geht endlich langsam in die Epidermis des Lungendaches bzw. des Eingeweidesackes über.

Dem wulstartigen Drüsenpolster nebst dem anschließenden Epithel kommt die Abscheidung der anorganischen Schalensubstanzen zu, also die Bildung der Kalkschale. Die eigentlichen „Kalkdrüsen" des Mantelrandes (siehe S. 367) haben an der Schalenbildung keinen Anteil.

So zeigt sich im Bau des Mantelrandes, und auch jedenfalls hinsichtlich der Schalenbildung, bei *Caecilioides acicula* trotz einzelner Abweichungen im Grunde doch eine weitgehende Übereinstimmung mit zahlreichen anderen Stylommatophoren. Als Eigenheit der *Caecilioides* wäre zu erwähnen, daß hier in der Mantelfurche ein „basales" Drüsenpolster fehlt, welches bei manchen Formen (*Helix pomatia* [13] und andere!) sehr deutlich ausgebildet ist. Ganz ähnliche Mantelrandverhältnisse wie bei *Caecilioides* dürften nach WILLE auch bei *Stenogyra decollata* vorliegen. Leider gibt dieser Autor keine gute Abbildung der Mantelrinne.

Bewegungsapparat und Lokomotion.

Bei *Caecilioides acicula* ist die Eigenmuskulatur der Körperwand verhältnismäßig schwach entwickelt. Stellt der Fuß der Gastropoden in der Regel ein derbes muskulöses Organ dar, das im Querschnitt eine ziemlich massive, filzige Beschaffenheit besitzt, so tritt bei *Caecilioides* die Hautmuskulatur stark zurück gegenüber den großen Bluträumen des Fußes, die lediglich von einem außerordentlich lockeren Geflecht vereinzelter, dünner Muskel- und Bindegewebsfasern durchzogen werden. Infolgedessen erscheinen hier Seiten und Sohle des Fußes recht dünn. Die Anordnung der einzelnen Elemente des „Hautmuskelschlauches" jedoch ist im Prinzip die gleiche, wie wir sie von anderen Gehäuseschnecken kennen. Wir finden parallel zur Längsachse des Fußes neben longitudinalen und transversalen Muskelbündeln auch gekreuzte diagonale Systeme. Diese sind sämtlich wieder durchflochten von entsprechenden Gruppen, die die Längsachse des Fußes vertikal schneiden. TRAPPMANN (79) hat bei der Weinbergschnecke dieses Muskelgeflecht analysiert und im ganzen neun verschiedene Systeme unterschieden, die er mit entsprechenden Namen belegt. Seine Einteilung dürfte auch für *Caecilioides acicula* gelten.

Die selbständigen Retraktorensysteme (Abb. 16), die von der Columella ausgehen[1], lassen sich im wesentlichen ebenfalls auf ein für zahlreiche Landgehäuseschnecken zutreffendes Schema zurückführen. Doch finden

---

[1] Der Penisretraktor, ein unpaarer Muskel, entspringt wie bei *Helix pomatia* am Diaphragma (s. Nachtrag).

sich bei *Caecilioides acicula* im einzelnen eine Reihe von Besonderheiten, weshalb hier diese Muskelsysteme eingehender besprochen werden sollen.

Was wir als „Spindelmuskel“ oder „Columellaris“ zu bezeichnen gewöhnt sind, ist in Wirklichkeit eine Muskelgruppe. Diese besteht in unserem Falle aus zwei nicht ganz symmetrischen Hauptmuskeln, die sich mundwärts in eine Anzahl kleiner Äste aufspalten. Die Zweige jedes Hauptmuskels bilden bis auf einen die Retraktoren je der rechten bzw. linken Körperhälfte. An ihrem apikalen Ende sind die beiden Muskelbänder des Columellariskomplexes durch Bindegewebe fest miteinander verbunden und legen sich so als scheinbar einheitliches Band im Bereiche einer Windung um die Gehäusespindel herum. Am Sektionspräparat aber lassen sich die beiden Hälften des „Spindelmuskels“ deutlich verfolgen bis an die flügelartig verbreiterte Wurzel, welche die Form der Columella genau wiedergibt. Die Anheftungsstelle der Columella

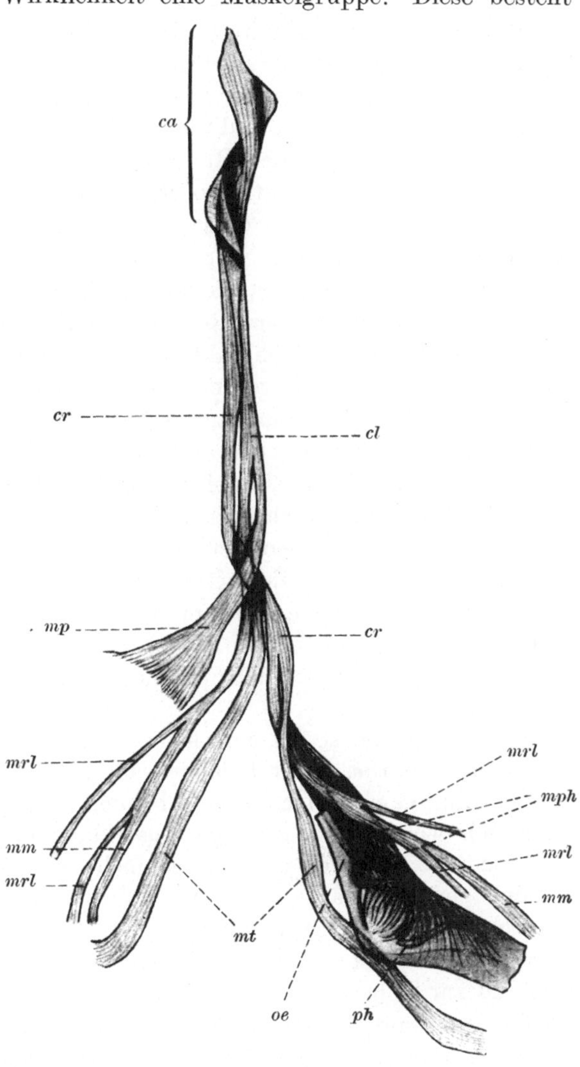

Abb. 16. Spindelmuskulatur. 35 × vergr.

riswurzel liegt bei *Caecilioides acicula* im vierten Umgang des Gehäuses, gegenüber dem querliegenden „Magen“ (siehe S. 383). Der Muskel der linken Körperhälfte steigt etwas weiter an der Spindel hinauf wie derjenige der rechten. Kurz unterhalb der Anheftung werden die beiden

Columellares selbständig, liegen aber auch fernerhin bis zum Eintritt in den Fuß noch eng aneinandergeschmiegt und laufen so der Columella entlang abwärts. Noch weit bevor der Fuß erreicht ist, gabelt sich jedes der beiden Muskelbänder. Das „linke“ gibt nach unten den Pharynxretraktor ab. Dieser verbreitert sich nach vorn zu und inseriert nach vorheriger Spaltung ventral an beiden Seiten des Schlundkopfes. Ihm entspricht rechts der Retractor pedis, der am Spindelrand des Eingeweidesackes in den Fuß eintritt und innerhalb der Wandmuskulatur schwanzwärts verläuft, also in der Hauptsache wohl den Retractor posterior der *Helix pomatia* darstellt. Ob er wie dort einen entsprechenden Retractor anterior nach vorn entsendet, vermag ich nicht zu sagen, halte es aber für wahrscheinlich. Der durch die Gabelung der zwei Columellarisbänder jederseits entstandene dorsale Muskel (*mt*) wird zum Retraktor des großen Tentakels, dem Retractor tentaculi majoris. Der rechtsseitige schlingt sich in charakteristischer Weise zwischen Penis und Vagina hindurch. Noch vor dem Eintritt in die Tentakel bildet sich jeder der beiden bis dahin bandförmigen Muskeln zu einer Röhre um. Sie nimmt den Tentakelnerv auf und verläuft mit diesem gemeinsam bis zur Spitze des Fühlers, wo sie in das Geflecht der Tentakelwand übergeht. In ihrem hintersten Abschnitt geben beide Retraktoren je einen fast parallelen Ast ab, den Retractor tentaculi minoris, der den kleinen Tentakel versorgt und, ähnlich wie der des großen Tentakels, den entsprechenden Tentakelnerven umscheidet. Unterwegs lösen sich von jedem Retraktor des kleinen Tentakels noch zwei dünne Zweige ab, die innerhalb der vorderen Kopfregion in der Umgebung der Mundöffnung inserieren.

Wir bekommen so im ganzen bei *Caecilioides acicula* ein Bild der Spindelmuskulatur, das in hohem Grade den von *Buliminus* und *Stenogyra* bekannt gewordenen, entsprechenden Verhältnissen gleicht. Wahrscheinlich wird die gleichartige Ausbildung des Columellaris-Systems durch das bei allen diesen Formen mehr oder weniger langgestreckte, spindelförmige Gehäuse bedingt. Die kuglige Schale der Weinbergschnecke aber hat eine Verkürzung der Retraktoren und zugleich eine Rückverlegung der Verzweigungsstellen nach der Wurzel der Hauptarme zu zur Folge.

In bezug auf die physiologische Bedeutung des Muskelapparates kann ich hauptsächlich auf TRAPPMANNs Arbeit über die Muskulatur der Weinbergschnecke verweisen, da seine Angaben fast durchweg auch für *Caecilioides acicula* Geltung haben. Die einzelnen Elemente des Columellariskomplexes wirken ausschließlich retrahierend. Die Ausstülpungsvorgänge aber beruhen sämtlich auf Schwellung durch Blutdruck.

Eine besondere Bedeutung, die bei den Schnecken mit kugligem Gehäuse nicht so deutlich hervortritt, erhält bei *Caecilioides acicula* der Retractor pedis. Wird doch durch ihn die Lage des Gehäuses zum ausgestreckten Fuß bestimmt. Das kriechende Tier trägt das Gehäuse in der Regel weit dorsal nach hinten übergekippt, parallel zur Längsachse des Fußes. Die Schale berührt etwas den Rücken des Fußendes und ragt noch weit über die Schwanzspitze hinaus (Abb. 1). Ändert das Tier die Kriechrichtung in entgegengesetzter Richtung ab, so wird zuerst der Kopf- und vordere Fußabschnitt von der Unterlage abgehoben. In hohem Bogen wendet die Schnecke sodann die vordere Fußhälfte nach hinten und heftet die Sohle wieder am Substrat an, so daß nun der Kopf dicht neben das Schwanzende zu liegen kommt. Erst jetzt kriecht die Schnecke in der durch die Lage des Kopfes bestimmten, neuen Kriechrichtung weiter. Die bisherige Gehäuselage braucht durch die Lageveränderung des Fußes nicht unbedingt beeinflußt zu werden. Die Schale behält vielmehr oft nach einer solchen Umwendung ihre frühere Lage bei und wird so in „inverser" Stellung, also mit dem Apex voran, mehr oder weniger weit mit herumgetragen (Abb. 17). Zumeist wird allerdings nach kurzer Zeit die „normale" Lage wieder hergestellt. Diese Umkehr des Gehäuses erfolgt, indem der Apex leicht gehoben und dann das Gehäuse in horizontaler oder auch vertikaler Richtung ruckartig um 180^0 gedreht wird. Das Anheben und die

Abb. 17. Kriechende *Caecilioides* mit „inverser" Gehäuselage.

Drehung des Gehäuses erfolgt durch den Retractor pedis, ohne daß der Kriechvorgang merklich beeinflußt wird.

Wenn eine *Caecilioides* ihre Kriechrichtung seitlich abändert, kommt das Gehäuse meist mehr oder weniger senkrecht zur Längsachse des Fußes zu liegen. Vielfach wird es dann in dieser Stellung eine Zeitlang freischwebend gehalten, ehe durch die oben beschriebene, ruckartige Drehbewegung des Fußretraktors der Eingeweidesack wieder in die Normallage gebracht wird.

Für die Kraft des Retractor pedis zeugt, daß die *Caecilioides acicula* auch mit schräg oder fast senkrecht aufgerichtetem Gehäuse bzw. Eingeweidesack ungehindert umherkriechen kann. Daß der gesamte Körper des Tieres dabei im Gleichgewicht erhalten bleibt, läßt ferner auf ein starkes Adhäsionsvermögen der Sohle schließen.

Was den Lokomotionsvorgang der *Caecilioides acicula* betrifft, so kann ich ebenfalls Trappmanns Angaben bestätigen, die wohl allgemein für die Lungenschnecken gültig sind. Auf dem breiten Mittelfeld der Sohle sind auch bei der kriechenden *Caecilioides* die bekannten „Lokomotionswellen" sichtbar, die in schneller Folge von der Schwanzspitze ab mundwärts verlaufen. Nach Trappmann entstehen diese Wellen so, daß die longitudinalen und transversalen Muskelfasern der Sohle sich innerhalb gewisser Zonen des Mittelfeldes wechselseitig kontrahieren und wieder strecken, und dadurch die Schneckensohle vorwärts treiben. Nach meinen Beobachtungen an *Caecilioides acicula* kann ich dem durchaus beistimmen. Da in unserem Falle die Seitenfelder der Sohle außerordentlich schmal sind, so haben die Lokomotionswellen des Mittelfeldes starke entsprechende Konturveränderungen am Außenrand der Sohle zur Folge. Daher sieht man an den Fußrändern der kriechenden *Caecilioides* deutliche transversale Wellen entlanglaufen. Dieselbe Erscheinung zeigt sich nach TRAPPMANN auch bei *Cepaea hortensis* und bei manchen Exemplaren der Weinbergschnecke. Bei *Arion, Limax* usw., also bei Formen mit schmalem Mittelfeld und breiten Randfeldern der Sohle, sind die Transversalwellen am Fußrand kaum sichtbar, weil die breiten Seitenfelder dämpfend auf die Wellen des Mittelfeldes wirken (nach TRAPPMANN).

Läßt man die *Caecilioides* an der Unterseite einer Glasplatte entlangkriechen, so kann man mit Hilfe des Binokulares auf dem Mittelfeld der Sohle außer den Lokomotionswellen noch eine sehr feine und dichte Längsstreifung beobachten. Ich nehme an, daß diese Streifung durch die Tätigkeit des Flimmerbesatzes der Sohle zustande kommt. Die Aufgabe der Wimpern besteht auch in unserem Falle nur darin, den von der Fußdrüse abgeschiedenen Schleim zu dem bekannten Schleimband auszubreiten. Ein direkter Anteil an der Lokomotion kommt ihnen nicht zu.

Merkwürdig sind bei der kriechenden *Caecilioides* die Bewegungen der Schwanzspitze. In der Regel zeigen kriechende Landschnecken höchstens die eben beschriebenen, wellenartigen Bewegungen der Fußränder. Im übrigen gleiten die Tiere ohne weitere äußere Bewegungen auf ihrem von der Fußdrüse erzeugten Schleimband vorwärts. Bei *Caecilioides* dagegen führt die Schwanzspitze während des Kriechvorganges sonderbare rhythmische „Schreitbewegungen" aus, indem sie

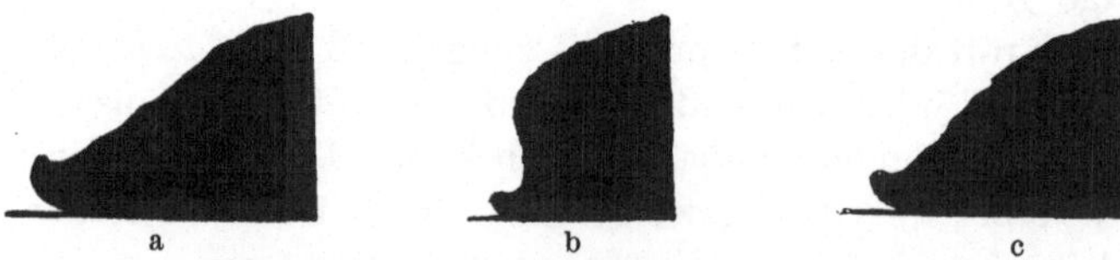

Abb. 18. a, b, c „Schreitbewegung" des Fußendes.

sich regelmäßig von der Unterlage abhebt, verkürzt, und anschließend nach vorn zu wieder gestreckt wird (Abb. 18 a—c). So kommt eine Bewegungsform des Schwanzendes zustande, die einige Ähnlichkeit hat mit der „Spannerbewegung". Die Bewegungen der Schwanzspitze folgen äußerst schnell aufeinander und laufen wahrscheinlich parallel den Lokomotionswellen des Mittelfeldes. Ich beobachtete einmal in 11 Sekunden 12 „Schritte".

Diese Schreitbewegung der *Caecilioides acicula*, an der nur das Schwanzende beteiligt ist, darf nicht verwechselt werden mit der „Galoppbewegung" verschiedener anderer Landgehäuseschnecken (70). Ich selbst beobachtete den „Galopp" bei einer *Cochlicopa lubrica*, die an der Unterseite einer Glasscheibe kroch. Hierbei wurde die gesamte Vorderhälfte der Sohle von der Glasscheibe abgehoben, der Kopfteil wieder angeheftet und das Schwanzende „spannerartig" nachgezogen, ohne daß der mittlere Teil des Fußes die Unterlage berührte. Am „Galopp" nimmt also im Gegensatz zur Schreitbewegung der *Caecilioides* nicht nur das Schwanzende, sondern die gesamte Sohle teil.

Kriecht die *Caecilioides acicula* an der Unterseite einer Glasplatte, so ist die Bewegung des Schwanzendes meist weniger ausgeprägt. Ja, die Ortsbewegung kann überhaupt ohne „Schreiten" erfolgen. Doch ist die Schreitbewegung der *Caecilioides acicula* durchaus nicht eine derartige Ausnahmeerscheinung wie der „Galopp" anderer Formen. Dieser wird nur sehr selten beobachtet, während die Schreitbewegung bei *Caecilioides acicula* die Norm darstellt.

Auffällig ist bei *Caecilioides* stets die Haltung der eigentlichen Schwanzspitze. Unabhängig von der Schwanzbewegung ist diese immer auf ganz kurzer Strecke vom Substrat abgehoben. Das Schleimband, das unter dem Schneckenfuß die gleiche Breite wie die Sohle besitzt, wird durch die aufwärts gebogene Schwanzspitze ebenfalls mit von der Unterlage abgehoben und zieht sich unmittelbar hinter dem Schwanzende zu einem außerordentlich dünnen, spinnwebähnlichen Faden zusammen. So kommt es, daß der Boden des Zuchtglases, in dem eine Anzahl *Caecilioides* längere Zeit umhergekrochen sind, unter dem Binokular mehr oder weniger stark „versponnen" erscheint.

Überraschend ist die Geschwindigkeit der Ortsbewegung der *Caecilioides acicula*. Legt diese kleine Schnecke doch in 1 Sekunde durchschnittlich etwa 2 mm zurück. Dies würde pro Minute eine Strecke von 12 cm, also fast das 50fache der eigenen Fußlänge ergeben. Über die „Geschwindigkeit", mit der sich die größeren Lungenschnecken fortbewegen, liegen bis jetzt nur wenige Angaben vor (70), die zudem sich noch oft widersprechen. Wenn man aber bedenkt, daß nach SIMROTH unsere *Cepaea hortensis* innerhalb 1 Minute 6—7 cm[1], die Weinbergschnecke in der gleichen Zeit nur 4—5 cm[2] zurücklegt, so wird die für eine Schnecke geradezu „ungeheuere" Geschwindigkeit der *Caecilioides acicula* genügend demonstriert.

Die Schnelligkeit der Ortsbewegung ist bei den Landschnecken von dem zeitlichen Ablauf der Lokomotionswellen abhängig. Je schneller die Wellen aufeinander folgen, desto größer die Geschwindigkeit! Bei

---

[1] = dreifache Körperlänge!
[2] = ungefähr $1/_2$ ihrer Fußlänge.

Caecilioides habe ich mit der Stoppuhr folgende Intervalle zwischen dem Auftreten zweier Lokomotionswellen des Mittelfeldes gemessen: 1,9; 1,7; 1,5; 1,2; 1,0 Sekunden. Daraus läßt sich errechnen, daß pro Minute etwa 31—60 Lokomotionswellen auftreten können. Für die Geschwindigkeit der Lokomotionswellen anderer Stylommatophoren liegen einige Angaben verschiedener Autoren vor. Den entsprechenden Zahlen, die H. HOFFMANN im „Bronn" zusammengestellt hat, können wir entnehmen, daß bei der Weinbergschnecke pro Minute 19—30, bei *Cepaea hortensis* 37—40, bei *Arion empiricorum* nur etwa 17 Lokomotionswellen auf der Sohle entstehen. Die sehr schnell kriechende *Caecilioides acicula* besitzt also auch die weitaus schnellsten Lokomotionswellen. Der Zusammenhang ist ohne weiteres klar, wenn man mit TRAPPMANN und anderen annimmt, daß die Wellen den allein wirksamen Lokomotionsfaktor darstellen.

Vielleicht bestehen auch gewisse Beziehungen zwischen Lokomotionsgeschwindigkeit und Sohlenbreite, bzw. zwischen der Breite des lokomotorischen Mittelfeldes und der Breite der Randfelder der Sohle (vgl. S. 363). Leider fehlen gegenwärtig noch so gut wie alle Unterlagen für derartige Betrachtungen.

Ernährungsapparat und Nahrung.

Der Verdauungsapparat von *Caecilioides acicula* (Abb. 19, 20) stimmt im großen ganzen durchaus mit den von zahlreichen Pulmonaten bekannten Verhältnissen überein. Die von einem Lippenkranz umstellte

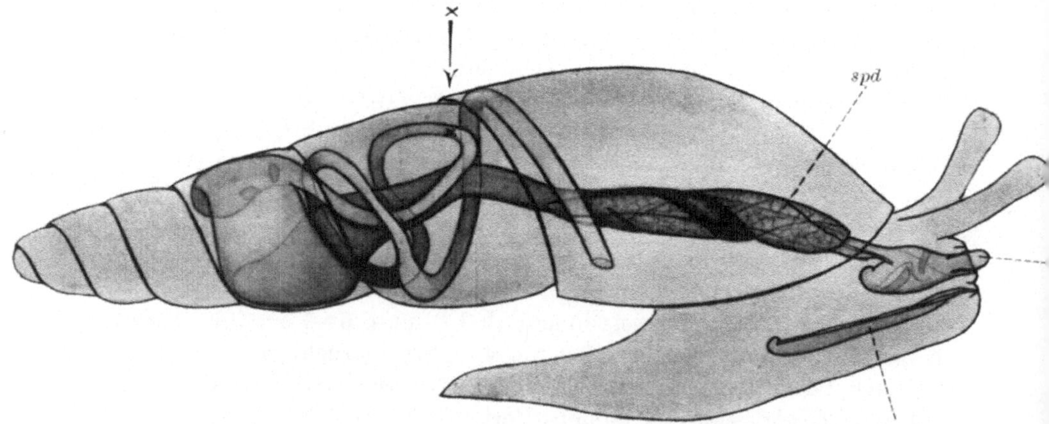

Abb. 19. Lage des Darmkanales im Tier. X = Dünndarmdivertikel.

Mundöffnung liegt ventral am Kopf. Sie führt in eine faltenreiche „Mundhöhle", die durch den Kiefer von der eigentlichen „Buccalhöhle" getrennt wird. Die Buccalhöhle liegt im Innern des Schlundkopfes oder Pharynx (Abb. 21). Dieser zeigt die für Pulmonaten typische Gestalt:

ein stark muskulöses Organ von der Gestalt einer Birne, „deren abgeplattetes Ende hinten liegt" (SIMROTH). Der Pharynx birgt im Innern die Radula, deren spiralig eingerolltes Hinterende als „Radulatasche" oder „Radulascheide" zwischen den beiden seitlichen muskulösen Backen des Pharynx an dessen Rückseite nach außen vorragt.

Auf der Dorsalseite des Schlundkopfes geht die Mundhöhle in den verhältnismäßig kurzen Ösophagus über, der durch den Schlundring hindurchzieht. Seitlich vom Ösophagus mündet je ein Ausführgang der paarigen Speicheldrüsen. Der eigentliche Ösophagus läßt sich von dem dünnwandigeren, etwas erweiterten anschließenden Teil des Vorderdarmes leicht unterscheiden. Während nämlich bei Heliciden, besonders bei den größeren Formen, der Ösophagus unmerklich in den hier meist als Magen bezeichneten, sehr stark erweiterten Darmabschnitt übergeht, erfolgt bei *Caecilioides* der Übergang mehr unvermittelt. Das Darmrohr erweitert sich am Ende des Ösophagus plötzlich und behält, der Columella entlang nach oben ziehend, ungefähr die gleiche Dicke bei. Im weiteren Verlauf legt sich der Vorderdarm quer. Kurz vor der Umbiegung erweitert er sich sehr stark und der querliegende Teil, der die beiden Lappen der Leber oder Mitteldarmdrüse aufnimmt, erscheint direkt sackartig aufgetrieben. Ich möchte diesen querliegenden, aufgetriebenen Teil des Darmes als „Magen" bezeichnen, zum Unterschied vom „Kropf", dem zwischen Magen und Ösophagus gelegenen dünnwandigen Abschnitt des Vorderdarmes. Dort, wo die beiden Leberlappen in den Magen einmünden, trägt dieser eine blindsackähnliche Ausstülpung, die aber nicht weiter vom Magen abgesetzt ist (Abb. 20 *ms*).

Lage und Form der einzelnen Vorderdarmabschnitte von *Caecilioides*

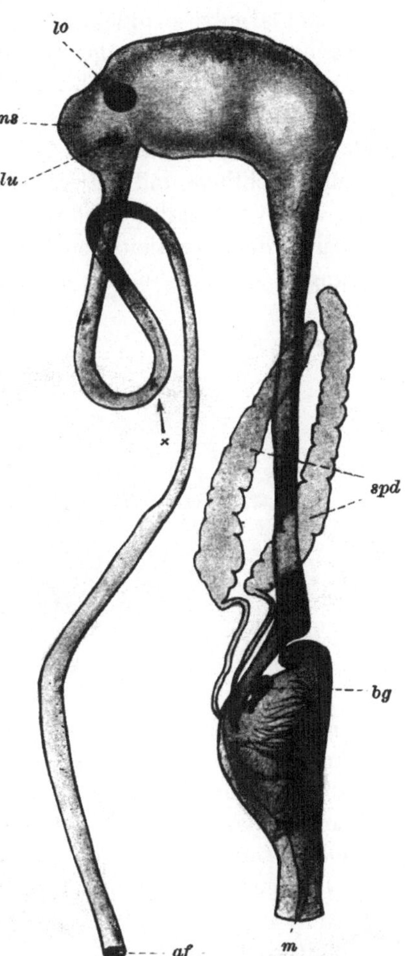

Abb. 20. Darmkanal mit Speicheldrüsen.
X = Dünndarmdivertikel.

acicula gleichen somit sehr stark den von Eniden (*Zebrina*, *Ena*), Pupilliden, Clausiliiden, *Stenogyra* usw. bekannt gewordenen Verhältnissen. *Caecilioides acicula* unterscheidet sich dadurch wesentlich von den Heliciden, bei denen der „Kropf" sich vor der Aufnahme der Leber wieder verjüngt und dann erst den Blindsack bildet, in den die Ausführgänge der Mitteldarmdrüse hineinmünden.

Nach der Aufnahme der Leber verengt sich bei *Caecilioides acicula* das Darmrohr sehr plötzlich zum „Dünndarm". Dieser steigt zunächst entlang der Columella abwärts, trägt hinter der folgenden Umbiegungsstelle ein winziges Divertikel (Abb. 29), bildet dann eine fast querliegende *S*-förmige Schlinge und tritt am Grunde der Lungenhöhle in die Körperwand ein. Von jetzt ab schwach erweitert, verläuft nun der Darm als „Rektum" dem Harnleiter entlang und parallel zur Nahtlinie des letzten Umganges auf das in der rechten Ecke des Mantelwulstes gelegene

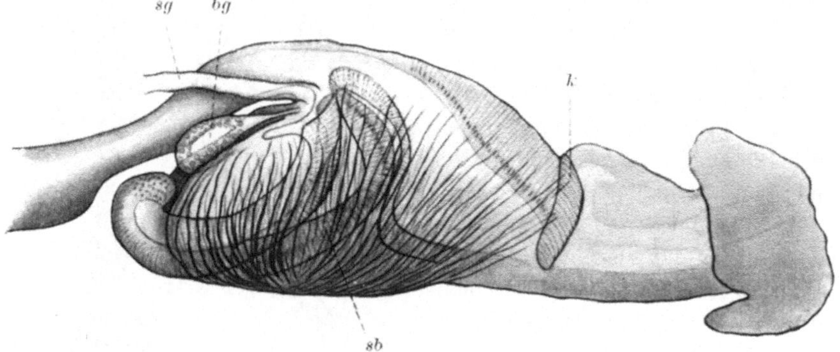

Abb. 21. Schlundkopf. 100 × vergr.

„Atemloch" zu, wo er etwas oberhalb vom Ureter in eine geräumige Kloakenhöhle mündet. Diese ist von einem mächtigen Komplex großer einzelliger Drüsen umhüllt.

Die lippenartigen Wülste, welche die schnauzenförmige Mundöffnung umstellen, setzen sich nach innen in die Mundhöhle bis zum Kiefer fort. Infolgedessen erscheint die Mundhöhle auf Querschnitten durch parallele Falten stark eingeengt. Während nach innen zu die Zahl dieser Längsfalten abnimmt, wächst ihre Höhe und Breite. Außerdem ist sowohl ihre Zahl als auch ihre Größe vom Kontraktionszustand des Kopfabschnittes abhängig. Kurz hinter der Mundöffnung konnte ich 13 Längsfalten zählen, etwas weiter nach innen zu 12, und kurz vor dem Kiefer nur noch 10. Sie sind derart angeordnet, daß sie ganz vorn das Mundrohr gleichmäßig umstellen, während nach innen zu die dorsal gelegenen etwas früher verstreichen wie die ventralen. So bleibt kurz vor dem Kiefer ein kleines, nur leicht quergefaltetes Feld frei, das sich am Oberrand des Kiefers direkt als kleine Tasche nach vorn vorstülpt (Abb. 21).

Dafür nehmen die beiden Längsfalten, die dieses Feld deutlich begrenzen, rasch an Höhe zu und hängen so auf Querschnitten als zwei mächtige lappenartige Wülste in die Mundhöhle, deren Oberhälfte T-artig einengend. Die übrigen, ventral und seitlich gelegenen Falten sind verschieden groß und ziemlich regelmäßig so angeordnet, daß zwischen zwei größeren je ein kleinerer Längswulst liegt.

Die Längsfalten der Mundhöhle zeigen in ihrem vordersten Teil denselben histologischen Aufbau wie das Körperepithel der Umgebung des Mundes. Nach hinten zu wird das anfangs kubische Epithel mit wachsender Höhe der Falten hochzylindrisch. Gleichzeitig bildet sich eine ziemlich dicke Cuticula aus, welche die gesamte Mund- und Buccalhöhle auskleidet. Hinter der erwähnten kleinen dorsalen Einsenkung springt das Epithel zahnartig nach unten vor. An diesem Vorsprung verdickt sich die Cuticula zu dem „Kiefer", der im Längsschnitt einzelne Zuwachslinien aufweist. Diese extreme Verdickung der Cuticula beschränkt sich nicht nur auf die

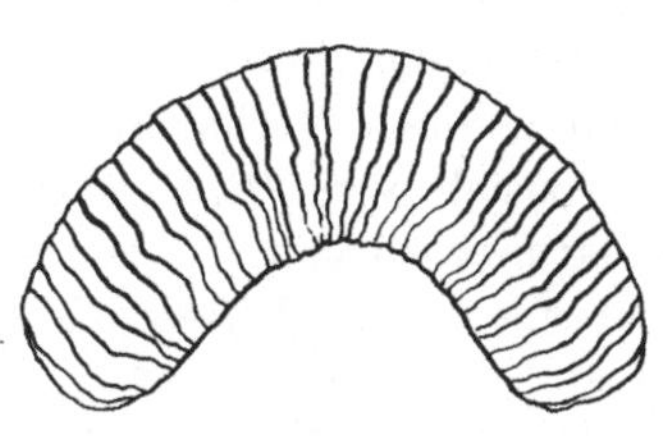

Abb. 22. Kiefer. 150 × vergr.

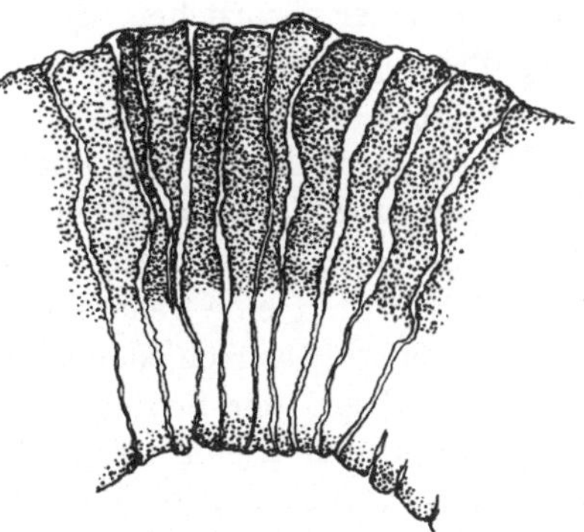

Abb. 23. Mittelteil des Kiefers. 450 × vergr.

Vorderseite des vorspringenden Pharynxdaches, sondern umfaßt auch noch etwas dessen Unterseite. Dann flacht sich die Cuticula wieder ab, nach hinten zu allmählich dünner werdend. Eine deutliche Grenze zwischen Kiefer und der unverdickten Cuticula ist weder an dessen Vorder- noch Hinterrand vorhanden. Der Kiefer selbst ist, wie auch die Radula, schon mehrfach beschrieben. Er hat im ausgebreiteten Zustand die Gestalt eines flach hufeisenförmig gebogenen breiten Bandes von horngelber Farbe (Abb. 22). Dieses Band trägt auf der Oberseite etwa 40 schmale Längsrippen von rundlichem Querschnitt (Abb. 23). Die Rippen sind voneinander getrennt durch schmale, tiefe Furchen. Die Höhe des Kiefers beträgt 0,09 mm, seine Breite 0,28 mm.

Ich habe bereits darauf hingewiesen, daß die Kieferplatte nach unten über den Vorsprung des Pharynxdaches übergreift. An dem in einer Ebene ausgebreiteten Kiefer ist die Umbiegungsstelle gut zu erkennen. Die Rippen werden an dieser plötzlich sehr flach. Daher bildet die eigentliche „ventrale" Zone, die etwa $^1/_3$ der gesamten Kieferbreite ausmacht, einen fast glatten Streifen am Innenrand des hufeisenförmigen Bogens. Die Kieferbildungen zahlreicher anderer Pulmonaten [1] zeigen eine ähnliche innere Zone, die in natürlicher Lage ebenso nach unten abgebogen sein dürfte. Eine Tatsache, die bis jetzt anscheinend übersehen worden ist, weil beim Auflegen des Deckglases der gewölbte Kiefer gewöhnlich flach ausgebreitet wird. Dadurch geht die richtige Vorstellung seiner natürlichen Lage und Funktion verloren. Als Aufgabe des Kiefers hätten wir bei diesen Formen wie auch bei *Caecilioides acicula* das „Abbeißen" von Nahrungspartikeln anzusehen. Ein solches ist aber nur mit der durch die Umbiegung entstehenden scharfen Kante möglich.

Beim Kiefer der *Caecilioides* erscheinen die schmalen tiefen Furchen zwischen den Rippen im durchfallenden Licht als hellgelbe opake Streifen, die leicht über das wahre Relief täuschen können. Denn man hält leicht diese schmalen Streifen für aufsitzende Leisten. Erst wenn man den Kiefer in seiner natürlichen ⌡-förmig umgeschlagenen Gestalt mit starker Vergrößerung schräg von oben betrachtet, gewinnt man die richtige Vorstellung.

Die Bauverhältnisse des Pharynx bieten wenig Besonderheiten dar. Anordnung und Funktion des Muskeln dürften durchaus übereinstimmen mit denen von anderen herbivoren gehäusetragenden Pulmonaten. Ich kann deshalb auf eine genauere Beschreibung dieser Verhältnisse verzichten, da von verschiedenen Formen, speziell von *Helix pomatia*, genaue Analysen der Schlundkopf-Muskulatur vorliegen.

Dem dorsalen Kiefer entspricht ventral eine andere Differenzierung der Pharynx-Cuticula, die Radula. Die erste, recht gute Beschreibung und Abbildung der Radula von *Caecilioides* hat 1870 SORDELLI (72) gegeben. 1873 wurden durch E. v. MARTENS die Aufzeichnungen LEHMANNS veröffentlicht (45), der an einem schlecht konservierten Exemplar die Mundbewaffnung untersucht hatte. Beide Beschreibungen werden wesentlich ergänzt bzw. berichtigt durch die Untersuchungen WIEGMANNS, die P. HESSE 1922 veröffentlichte (34).

Die Gestalt der Radula ist dieselbe wie die von anderen Pflanzenfressern: ein breites und langes Band, das der Ventralseite des Pharynx aufliegt. Sie ist in der Mitte ⋏-förmig aufgewölbt und am Hinterende spiralig eingerollt. Im vorderen, aufsteigenden Abschnitt der Radula sind deren Ränder nach unten, von der Knickstelle ab nach oben umgeschlagen, so daß die hintere Hälfte eine Art Rinne bildet (Abb. 21). Im aufgerollten, hintersten Abschnitt der Radula, also in der „Radulatasche" oder „-Scheide", ist diese Rinne erfüllt von chondroidem Bindegewebe, dem sogenannten „Radulapfropf". Die Zahnbildungen der Radulaoberseite sind in etwa 80 Quer- und 31 Längsstreifen angeordnet.

---

[1] *Pupilla muscorum, Lauria cylindracea, Vertigo antivertigo* usw.

Nach meinen Präparaten muß die Zahnformel lauten (10 — 5 — 1 — 5 — 10)×etwa 80[1], d. h. 1 Rhachis-, 5 Lateral- und 10 Marginalreihen. Auf der gesamten Radula sitzen demnach rund 2500 einzelne Zähne.

SIMROTH (70) spricht auf Grund der LEHMANNschen Beschreibung von „geraden" Querreihen. Dies trifft nicht ganz zu. Denn jede Querreihe ist in der Mitte und an den Seiten oralwärts vorgebogen (Abb. 24[2]),

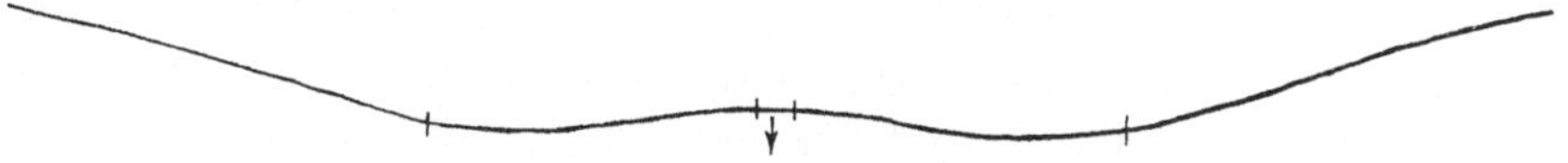

Abb. 24. Schema eines Radulagliedes. 450 × vergr.

die Außenränder etwas mehr wie die Mitte. Die Zähne sind nach hinten gerichtet (Abb. 25). Der Mittel- oder Rhachiszahn und die beiderseits. anschließenden vier Lateralzähne sitzen auf einer großen Basalplatte. Diese wird von der fünften Längsreihe ab nach außen zu immer kürzer. Der Rhachiszahn ist sehr klein und völlig symmetrisch, dreispitzig mit längerem Mesoconus. Auch bei den vier ersten Lateralzähnen ist der Mesoconus im Verhältnis zu dem kleinen Ento- und Ectoconus lang

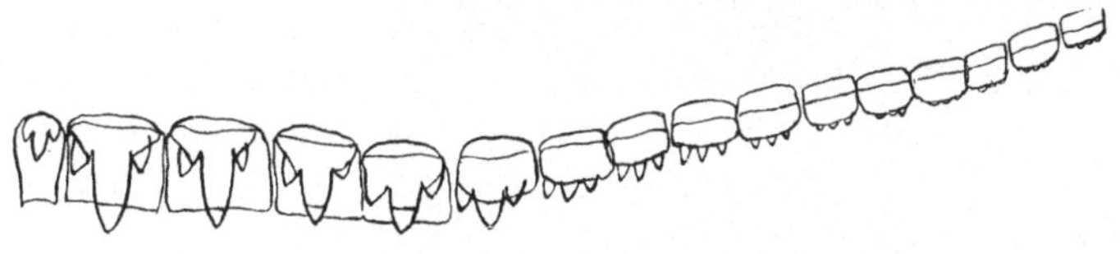

Abb. 25. Radulazähne (halbe Querreihe). 720 × vergr.

und überragt mit seiner Spitze den Hinterrand der Basalplatte. Bei dem fünften Lateralzahn ist die Basalplatte bedeutend kürzer, so daß alle drei Spitzen des Zahnes darüber hinausragen. Der Ectoconus der fünf lateralen Reihen ist etwas kleiner wie der dazugehörige Entoconus. Die Marginalzähne bedecken fast nur die hintere Hälfte ihrer Basalplatten. Dadurch ragen sämtliche, hier gleich große Zahnspitzen über den Hinterrand hinaus. Die Größe der Spitzen nimmt nach dem Rande zu schnell ab. Die äußersten vier Platten tragen nicht drei, sondern vier Zacken, die am Hinterrand nur noch undeutlich als kleine Höckerchen sichtbar sind.

Um ein Bild von der Kleinheit der Radula zu geben, mögen einige exakte Größenangaben folgen[3]:

[1] Nach WIEGMANN-HESSE ergibt sich folgende Zahnformel (18—1—18) ×70 bis 87. Genauer ist die Mitteilung SORDELLIS (72), daß 29—31 Längsreihen von Radulazähnen vorhanden sein sollen.

[2] Der Pfeil gibt die Richtung der Radulazähne an.

[3] WIEGMANN-HESSE haben bereits einige Zahlen angegeben, die mit meinen weitgehend übereinstimmen.

Gesamtlänge der Radula . . . . 0,65　mm
Breite 　　　 „ 　　　 „ 　 . . . . 0,205 „
Länge der Basalplatten des Mittelzahnes und der
　　 vier anschließenden lateralen Reihen . . . . 0,008 „
Breite der Basalplatte des Mittelzahnes . . . . 0,004 „
　　 „ 　　　 „ 　　　 „ 　 der Seitenzähne . . . . 0,012 „
Länge des Mittelzahnes . . . . 0,005 „
　　 „ 　 der Seitenzähne[1] . . . . 0,012—0,010 mm
　　 „ 　　 „ 　 Marginalzähne[1] . . . . 0,006—0,003 „

Kiefer und Radula der *Caecilioides acicula* zeigen weitgehende Ähnlichkeit mit der Mundbewaffnung der *Ferussacia gronoviana*. Diese besitzt nach GODWIN-AUSTEN die Zahnformel 22 — 7 — 1 — 7 — 22. Ihre Radula weist demnach 59 Längsreihen auf, also fast die doppelte Anzahl wie die der *Caecilioides*. Die Form der Zähne jedoch, besonders die des symmetrischen Mittelzahnes, ist fast dieselbe wie bei jener. Nur sind die einzelnen Zähne entsprechend der größeren Zahl von Längsreihen nicht so breit und mehr in die Länge gestreckt.

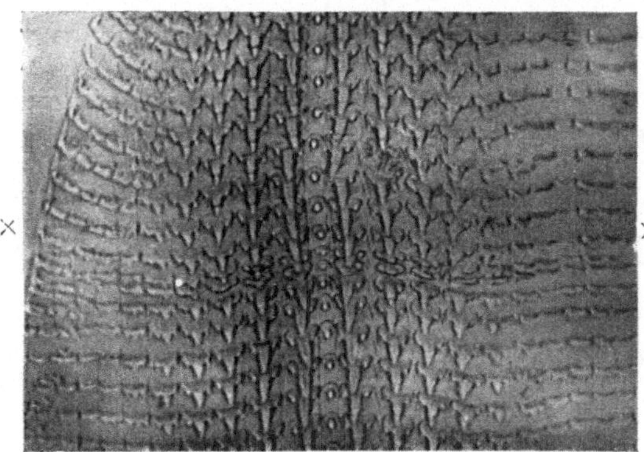

Abb. 26. Radula mit einer verkümmerten Querreihe. Etwa 450 × vergr. ×.....× = Mißbildung.

Eine Mißbildung der Radula von *Caecilioides* wäre hier noch zu erwähnen, die ich in einem Falle beobachten konnte. Zwischen sonst normal ausgebildeten Querreihen liegt bei diesem Präparat — ungefähr in der Mitte der Radula — eine solche, deren Basalplatten und Zähne etwa nur die halbe Länge der übrigen haben. Diese Mißbildung erstreckt sich über die gesamte Breite der Radula, umfaßt also alle Zähne dieser Querreihe (Abb. 26). Eine gleiche Unregelmäßigkeit im Bau der Radula beschreibt BECK von *Buliminus obscursus* MÜLL.: „So fand ich etwa in der Mitte der Radula zwischen zwei normal großen Querreihen eine solche mit auffallend verkümmerten Zähnen. Die Verkümmerung verstärkte sich noch nach den Seiten zu, wo die Zähne dieser Reihe überhaupt nur noch aus einer queren Leiste ohne irgendwelche Zahnspitzen bestanden. Die Entstehung dieser Mißbildung kann ich mir nur erklären durch die Annahme eines vorzeitigen Vorrückens der Radula zu der Zeit, als diese Zahnreihe gerade gebildet wurde, bevor also die Zähne ihre normale Größe erreicht hatten" (7). Ob diese Erklärung für die Entstehung solcher Mißbildungen zutrifft, mag dahingestellt

---

[1] Von innen nach außen!

sein. Wenigstens erscheint sie mir nicht ausreichend, da sie über die Ursache des vorzeitigen Vorrückens keinen Aufschluß gibt.

Die Radula liegt dem dünnen Epithel und der Buccalhöhle auf und wird getragen von einem mächtigen muskulösen Stützapparat (Abb. 21). Dieser setzt sich aus zwei symmetrischen Stücken zusammen, die sich vom hinteren Teil der Basis des Schlundkopfes erheben und frei in einen großen, unter der Radula gelegenen Hohlraum hineinragen. Beide sind nur in ihrem vorderen Teil, wo sie der Radula an deren höchster Erhebung anliegen, oben miteinander fest verbunden, während sich nach hinten zu zwischen ihnen die Radula einsenkt. Dadurch kommt die Bildung der oben erwähnten Rinne zustande.

Vor dem Übergang der Pharyngealhöhle in den Ösophagus, also über der aufgewölbten Radulamitte, entsteht am Dach der Buccalhöhle durch Einfaltung des Epithels eine schmale Rinne, die in den Ösophagus hineinführt und so den Übertritt der Nahrung vom Pharynx in den Darm erleichtert. Sobald diese „Leitrinne" sich zum Ösophagus geschlossen hat, treten zu den schon am Dach der Rinne vorhandenen schwachen, dorsalen Längsfalten noch weitere, seitliche Wülste hinzu. Diese setzen sich mit jener durch den gesamten Ösophagus fort und verschwinden plötzlich an dessen Erweiterung zum Kropf. Der Ösophagus wird von hohem Zylinderepithel ausgekleidet. Bei der Bindegewebsfärbung nach MALLORY ist die Basalmembran gut sichtbar. Ein Flimmerbesatz auf den Epithelzellen konnte nicht sicher festgestellt werden.

Mit dem Verstreichen der Längsfalten und der Erweiterung des Vorderdarmes zum Kropf flacht sich das Epithel plötzlich stark ab und wird kubisch. Dadurch erscheint von jetzt ab die Darmwand recht dünn, nur wenig dicker wie die außen aufliegende Längs- und Ringmuskelschicht. Anschließend erweitert sich der völlig faltenfreie Kropf langsam und behält das niedrige Epithel bei und damit die geringe Wanddicke, die durch die Abflachung des Epithels bedingt wird. Mit dem Übergang in den sehr stark aufgetriebenen Magen nimmt die Epithelhöhe und damit die Wanddicke wieder zu. Die Zellen werden zylindrisch. Gleichzeitig bildet sich eine ziemlich starke Cuticula aus, die einen Stäbchensaum trägt. Im Blindsack, in den die zwei Leberschläuche münden, ist das Epithel wieder etwas flacher. Dadurch, daß zwischen den höheren zylindrischen Zellen in unregelmäßigen Abständen kürzere, oft nur halb so hohe Zellelemente eingeschaltet sind, erscheint die Innenseite der Magenwand zum Teil leicht gefältelt, ohne daß man jedoch von wirklichen Faltenbildungen sprechen könnte (Abb. 33 a). Solche liegen nur in Form von zwei ziemlich dicken Wülsten vor der Einmündung der Lebergänge. Die Wülste bestehen aus sehr hohen Epithelzellen. Außerdem ist an der vorderen, höchsten Erhebung die Magenwand von außen her etwas eingefaltet. Das Magenepithel setzt sich unter starker plötzlicher Abflachung hinter den genannten Wülsten als Wand der sehr kurzen Leberausführgänge fort. Doch verschwindet hier die Cuticula und an die Stelle des Stäbchensaumes treten im Lebergang hohe Wimpern. Die beiden Mündungen der Leber liegen merkwürdigerweise nicht nebeneinander an der Innenwand des Magenblindsackes, wie es bei *Helix pomatia*, Pupilliden usw. der Fall ist. Sondern nur der obere, größere Leberlappen mündet an der Innenseite neben der Columella. Die untere Leber aber tritt gegenüber, an der Unterseite der Außenwand des Magens, in den Blindsack ein.

Der Dünndarmschenkel, der hinter dem Magen neben der Columella absteigt, verengt sich am Anfang etwas. Er stellt ein Rohr mit zunächst ovoidem, später länglichem Querschnitt dar. Über sein inneres Relief und den histologischen Aufbau gibt die Abb. 27 guten Aufschluß. Das Epithel der dem Columellarmuskel zugelegenen Wand ist an deren innerem Ende wulstartig erhöht, so eine tiefe „Leitrinne" für den abgleitenden Darminhalt bildend. Abgesehen von diesem und einem kleineren, gegenüber gelegenen Wulst ist dieser Darmabschnitt zuerst völlig frei von Längsfalten.

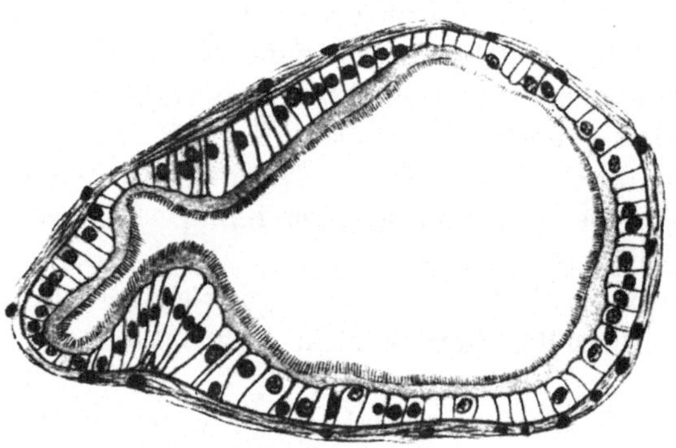

Abb. 27. Dünndarm (quer). 450 × vergr.

Auch die kleine, dem „Leitwulst" gegenüberliegende Epithelverdickung verschwindet im weiteren Verlauf. Also auch hier wie schon im Ösophagus eine bedeutende Vereinfachung des Darmreliefs gegenüber anderen Formen, etwa der *Helix pomatia* mit ihrem nach v. HAFFNERS Untersuchung außerordentlich stark gefalteten Darmrohr! Die Epithelauskleidung besteht aus Wimperzellen, die außer dem Flimmersaum noch eine ziemlich dicke Cuticula tragen.

Die Leitrinne erweitert sich kurz vor der ersten Umbiegung des zweiten Darmschenkels und verliert sich schließlich zwischen den Falten, die knapp vor dem kleinen Divertikel an der Basis des dritten Darmschenkels in größerer Anzahl neu auftreten. Hier, vor der Divertikelbildung, haben wir die stärkste Faltenbildung der gesamten Darmwand vor uns. Doch ist bemerkenswert, daß diese zum Teil recht hohen Falten ebenfalls nur durch Erhöhung, bzw. Abflachung des Epithelbelages zustande kommen (Abb. 30), während dem Leitwulst des vorigen Schenkels auch eine kleine Einsenkung der Darmwand und ihrer Muskularis von außen her entspricht, wie schon früher bemerkt wurde. Unmittelbar hinter der kleinen Darmausstülpung verschwinden plötzlich sämtliche Epithelverdickungen wieder und der Mitteldarm ist nunmehr von hier ab auf seinem gesamten weiteren Verlauf von einem fast gleichmäßig hohen Zylinderepithel ausgekleidet. Dieser trägt neben einer dünnen Cuticula noch lange Wimpern, bis der Darm am Grunde der Lungenhöhle neben der Niere in das Integument eintritt und damit zum Rektum wird. Von da an hört plötzlich das hohe Wimperepithel auf. An seine Stelle tritt ziemlich unvermittelt fernerhin ein sehr flaches Plattenepithel mit langgestreckten Kernen, das bis zur Mündung des Darmröhres in die Kloakenhöhle die sehr dünne Wand des Enddarmes bildet.

Das gesamte Intestinum ist sehr reich an einzelligen Schleimdrüsen (Abb. 28). Diese sind auf den nach MALLORY (Bindegewebsfärbung!) gefärbten Präparaten leuchtend blau gefärbt und somit sehr gut sichtbar. Nach GARTENAUER (26) sollen diese Drüsen allgemein bei Landschnecken „im Magen, Blindsack und Darm in bedeutender Anzahl" auftreten und nach v. HAFFNER (30) bei *Helix pomatia* „in allen Abschnitten des Darmkanals mit Ausnahme des Schlundkopfes" vorkommen. Schon PLATE (59) schränkte GARTENAUERS allgemeine Behauptung ein, da er bei *Daudebardia* Darmdrüsen erst von der Lebermündung

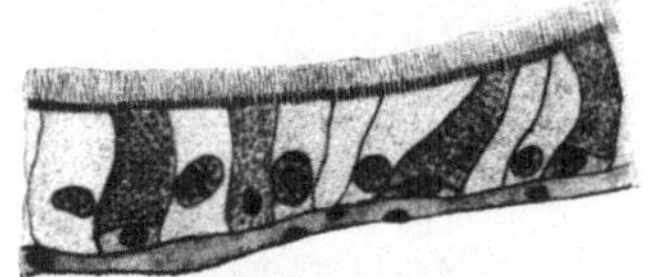

Abb. 28. **Drüsiges Darmepithel.**
720 × vergr.

an feststellen konnte. Auch ich fand bei *Caecilioides* den Vorderdarm und sogar den Magenblindsack völlig frei von solchen. Die Drüsenzellen treten erst unmittelbar hinter dem Magen auf und sind am zahlreichsten im dritten Darmschenkel, also in der zweiten Hälfte des Dünndarmes. An manchen Stellen machen sie fast über die Hälfte aller Epithelzellen aus. Nur das Divertikel des Dünndarms ist völlig frei davon. Im Rektum nimmt mit dem Verschwinden des Flimmerepithels ihre Zahl plötzlich bedeutend ab, und sie sind von hier an nur noch vereinzelt zwischen die Wandzellen des Darmes eingestreut.

Der gesamte Darmtraktus wird außen von einem durchweg dünnen Muskelmantel umgeben, der sich aus inneren Längs- und äußeren Ringmuskeln zusammensetzt. Dazu kommt noch Bindegewebe, das die Muskularis durchsetzt bzw. ihr außen aufliegt.

Eine sehr merkwürdige Bildung ist der Dünndarmanhang (Abb. 29). Zwar sind Darmdivertikel bei Schnecken weit verbreitet. Abgesehen von dem auch in unserem Falle festgestellten Magenblindsack, der die Leberschläuche aufnimmt, kommen z. B. bei Basommatophoren zwischen Magen und Dünndarm gelegene Blindsäcke vor. Ferner besitzen zahlreiche Nacktschnecken einen mehr oder weniger langen „Blinddarm", der stets vom Anfangsteil des Rektums abgeht. Bei *Caecilioides acicula* jedoch sitzt das Divertikel etwa im ersten Drittel des Dünndarms, an der Umbiegungsstelle des von hier an aufsteigenden Darmschenkels, kann also nicht den genannten Blindsackbildungen anderer Formen gleichgesetzt werden. Außerdem ist die Kleinheit der Ausstülpung sehr auffällig. Beträgt doch der Längsdurchmesser des gesamten Organes nur etwa 40 μ. Merkwürdig ist auch die Gestalt des Divertikels. Auf einem kurzen, nur 25 μ dicken Stiel sitzt eine blasenartige Erweiterung von etwa 35 μ Durchmesser. Der Darm selbst, der das Divertikel trägt, mißt im größten Durchmesser etwa 180 μ. Somit könnte durch die geringe Größe der Ausstülpung der Eindruck eines rudimentären Organes erweckt werden. Doch scheint mir die Tatsache, daß Darminhalt in das

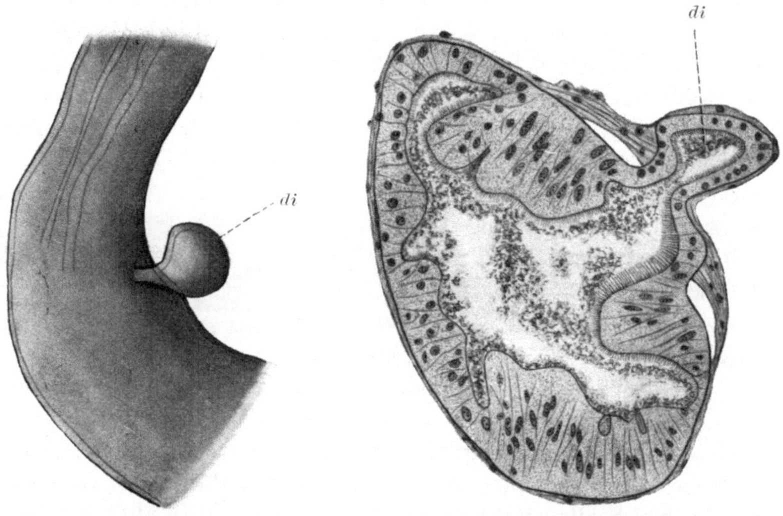

Abb. 29. Dünndarmdivertikel. 120 × vergr.　　　　Abb. 30. Dünndarm mit Divertikel (Querschnitt). 600 × vergr.

Divertikel eintritt (Abb. 30), gegen einen rudimentären Charakter zu sprechen. Ursprünglich hielt ich diesen Dünndarmanhang für eine pathologische Bildung, bis ich mich an weiteren Querschnittserien und mehreren Totalpräparaten davon überzeugte, daß er bei allen Tieren der Art auftritt. Ich möchte vermuten, daß wir hierbei nicht eine Sonderbildung der *Caecilioides acicula* vor uns haben, sondern daß ähnliche Divertikelbildungen wohl auch noch bei verwandten Formen nachgewiesen werden können und bis jetzt vielleicht nur infolge ihrer geringen Größe übersehen worden sind.

Als zwei paarige Anhangsdrüsen des Verdauungsapparates wären noch die Speicheldrüsen und die Leber zu besprechen. Die Speicheldrüsen liegen beim lebenden Tier als zwei ziemlich kompakte schmale Lappen von länglicher Gestalt dem Ösophagus dicht auf, wie die Abb. 19

zeigt. Die beiden „Ausführ-“ oder „Speichelgänge“, die am oralen Ende jeder Drüse entspringen, durchbohren zu beiden Seiten des Ösophagusursprunges das Dach des Pharynx und münden seitlich von der oben erwähnten dorsalen Rinne in die Buccalhöhle (Abb. 20, 21). Anastomosen zwischen beiden Drüsenlappen habe ich bei *Caecilioides* nicht sicher nachweisen können.

Was den histologischen Aufbau betrifft, so widersprechen sich vielfach die Angaben, die von zahlreichen Autoren über die Speicheldrüsen der Pulmonaten vorliegen. Die Differenzen rühren daher, daß früher oft verschiedene Sekretionszustände einer einzigen Zellform als besondere Zellen angesehen wurden. Ich konnte in den Speicheldrüsen der *Caecilioides acicula* zwei Zellformen feststellen, die sich durch die Färbbarkeit unterscheiden (Abb. 31).

Die „Fermentdrüsen“ mit je nach dem Sekretionszustand mehr oder weniger körnigem Inhalt sind am zahlreichsten. Das Plasma ist in ihnen auf einen kleinen Wandbezirk beschränkt. In ihm liegt der große, kuglige oder ovoide Kern. Diese Zellen färben sich mit Eosin rot. Die von früheren Autoren als „Schleimzellen“ angesehene zweite Zellform tritt gegenüber den Fermentzellen sowohl an Zahl wie auch an Größe bedeutend zurück. Die Zellen dieser Art erscheinen mehr vereinzelt eingestreut zwischen die vorigen. Mit Hämatoxylin werden sie blau-violett

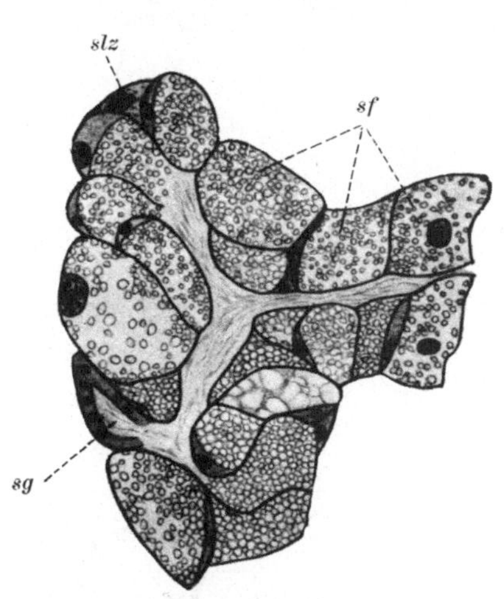

Abb. 31. Speicheldrüsenzellen. 730 × vergr.

gefärbt und ähneln mit ihrem wabig-blasigen Inhalt, der eine große Zahl dunkel gefärbter, feinkörniger Einschlüsse enthält, den Schleimdrüsen der Körperwand. Ähnliche Befunde hatte auch ECKARDT (16) bei *Vitrina*. Neuerdings nimmt FRANKENBERGER (22) nur eine einzige Art von Sekret-Fermentzellen an. Seine Annahme ist durch KRIJGMANS (43) physiologische Untersuchungen für *Helix pomatia* bestätigt worden. Demnach wären alle verschiedenen Zelltypen nur Stadien ein und desselben Sekretionszyklus’. Da ich die Sekretbildung nicht selbst untersucht habe, wage ich nicht zu entscheiden, ob KRIJGMANS Feststellungen auch auf *Caecilioides* völlig zutreffen und gebe deshalb nur eine Abbildung einiger charakteristischer Zellen der Speicheldrüse.

Die einzelnen Drüsenzellen sind innerhalb der Speicheldrüsen in Form von kleinen Säckchen angeordnet und ergießen ihr Sekret in kapillare Spalträume, die sich schließlich zu dem großen Ausführgang vereinigen, dessen Anfang auf dem beigegebenen Schnittbild (Abb. 31) mit getroffen ist. Das entleerte Sekret erscheint als helle Flüssigkeit und enthält zahlreiche durchsichtige, rundliche Bläschen, wie sie auch YUNG (9) bei *Helix pomatia* beobachtet hat. Der eigentliche Speichelgang stellt ein enges, ungefaltetes Rohr mit rundem Querschnitt dar. Seine Wand besteht aus kubischem Epithel. Einen Flimmerbesatz konnte ich nirgends feststellen. Je nach dem Kontraktionszustand erscheinen die Speichelgänge mehr oder weniger gestreckt oder mehrfach S-artig gebogen.

NALEPA (55) hat als erster bei *Helix pomatia* und *Cepaea austriaca* die nach ihm benannten beiden Drüsen entdeckt, die an der Mündung der Speichelgänge im Pharynxdach liegen. Inzwischen sind diese „Nebenspeicheldrüsen" auch bei *Helix pisana* (49) und *Stenogyra* (83) nachgewiesen worden. Bei *Caecilioides acicula* konnte ich diese NALEPAschen Drüsen nicht auffinden [1].

Die „Mitteldarmdrüse" oder „Leber" der Stylommatophoren besteht aus zwei völlig getrennten, mächtigen blindsackähnlichen Anhängen des Mitteldarmes (Abb. 32). Diese stellen zusammengesetzte azinöse Drüsen dar und werden nach ihrer Lage als „vorderer" oder „unterer", und „hinterer" oder „oberer" Leberlappen bezeichnet. Sie münden mit je einem

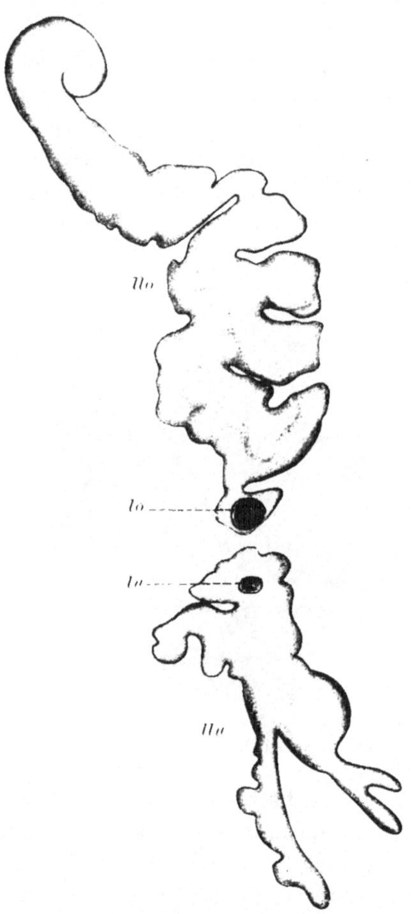

Abb. 32. Oberer und unterer Leberlappen (in einer Ebene ausgebreitet). 42 × vergr.

Ausführrgang in den oben beschriebenen Magenblindsack. Im Gegensatz zur Mehrzahl der Gastropoden ist bei *Caecilioides* das Größenverhältnis beider Lappen gerade umgekehrt, indem nicht der vordere

---

[1] Daß diese Nebenspeicheldrüsen durchaus nicht allen Stylommatophoren zukommen, hat bereits NALEPA festgestellt an *Limax cinereo-niger* und *Zonites algirus*. Auch *Buliminus* (BECK) und *Vitrina* (ECKARDT) entbehren der NALEPAschen Drüsen.

am stärksten entwickelt ist, sondern der hintere. Dieser ist spiralig eingerollt und füllt vom Magen ab das gesamte Gehäuse bis zur Spitze aus,
also mehr als die drei obersten Umgänge. In ihn ist die Zwitterdrüse
eingebettet (Abb. 34 *zw*). Der untere oder vordere Lappen liegt seitlich und unterhalb des Magens und der Eiweißdrüse, und erfüllt den
unteren Teil des Eingeweidesackes
bis zur Lungenhöhle. Jeder Leberlappen stellt einen Schlauch dar,
dessen Wand wiederum divertikel-
artig ausgesackt ist, äußerlich so
zahlreiche kleinere Läppchen bzw.
Äste bildend. Die Abb. 32 zeigt
uns die in einer Ebene ausgebreiteten zwei Leberhälften der *Caecilioides acicula*. Wenn wir dieses
Bild mit der Leber der bisher untersuchten Formen vergleichen, so fällt

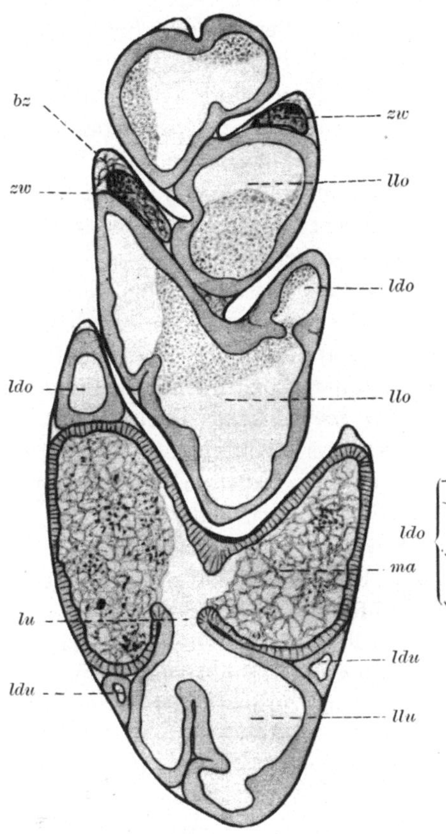

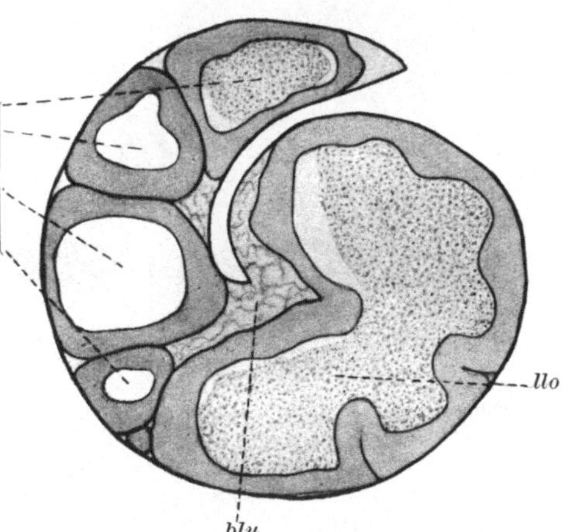

Abb. 33 a. Obere Umgänge des Eingeweidesackes
(längs).   45 × vergr.

Abb. 33 b. Oberer Leberlappen (quer).
115 × vergr.

uns bei *Caecilioides* eine schon äußerlich stark hervortretende Vereinfachung im Bau der Leber auf. Zwar ist der Grundplan derselbe. Aber
die Leber der *Caecilioides* erscheint viel weniger aufgeteilt, die einzelnen
Läppchen sind verhältnismäßig groß, und der oberste Abschnitt, dem die
Zwitterdrüse anliegt, entbehrt der Divertikel vollständig.

Dieser äußeren Vereinfachung entspricht eine innere (Abb. 33 a, b).
Während z. B. bei der Weinbergschnecke das Lumen der einzelnen Azini
durch zahlreiche tiefe Einfaltungen des Epithels stark eingeengt ist,
finden wir bei *Caecilioides acicula* an der inneren Wand der Leber nur

ganz flache, halbkuglige Einsenkungen des Leberepithels. Diese heben sich äußerlich gar nicht ab und sind nur im aufgehellten Präparat als dunkle Ringe sichtbar (Abb. 32). Jeder der beiden Leberlappen erscheint hier also als weites Rohr, in das wenige, zum Teil etwas engere, kurze Schläuche hineinmünden (Abb. 34). Der obere Lappen ist viel kompakter als die durch die Dünndarmschlingen mehr aufgeteilte untere Leberhälfte. Deren ziemlich lange Divertikel stellen dünnere Schläuche dar, weisen aber sonst dieselben inneren Reliefverhältnisse auf. Zusammenfassend können wir somit gegenüber allen anderen bisher unter-

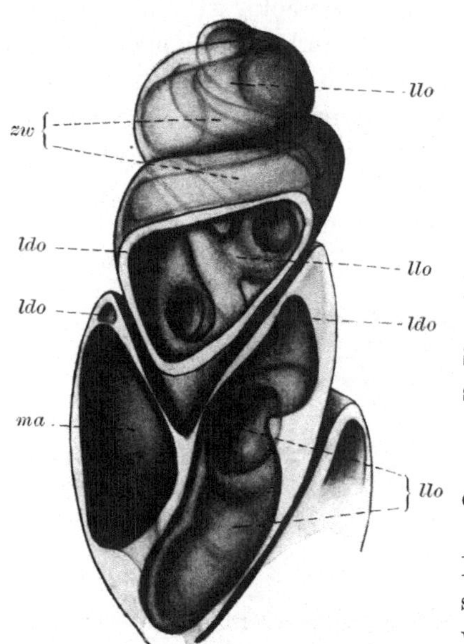

suchten Formen bei *Caecilioides acicula* eine viel geringere Entfaltung der inneren Oberfläche konstatieren. Dies ist merkwürdig; denn nicht nur bei den größeren Pulmonaten, sondern selbst bei den sehr kleinen *Pupilliden* ist die Mitteldarmdrüse stark gelappt, besitzt mithin eine große innere Oberfläche. Lediglich *Vertigo moulinsiana* kommt nach STEENBERGS Abbildung [1] (74) hinsichtlich ihrer Leberverhältnisse der *Caecilioides* etwas nahe.

Ein weiterer Unterschied zu anderen Formen besteht in den zwei Ausmündungsgängen der Leber. Diese sind in unserem Falle beide sehr kurz und verhältnismäßig weit, während sie in der Regel ein ziemlich langes und enges Rohr bilden.

Abb. 34. Intestinalsack. Angeschnitten, um das innere Relief des oberen Leberlappens zu zeigen. 42 × vergr.

Der histologische Bau der Leber von *Caecilioides acicula* bietet weniger Besonderheiten und gleicht durchaus dem von *Helix pomatia*. Außen liegt dem Leberepithel die Wand des Intestinalsackes auf. Sie besteht aus einem dünnen Plattenepithel und senkt sich auch zwischen die einzelnen kleinen Falten ein, die sich meist ringförmig vorwölben. Dazu kommen noch zwischen den Follikeln Bindegewebselemente und vereinzelte Muskelfasern. Im Leberepithel selbst lassen sich die bei *Helix pomatia* nachgewiesenen drei charakteristischen Zellelemente unterscheiden: „Leber-" oder „Resorptionszellen", „Ferment-" oder „Sekretzellen" und „Kalkzellen".

Am zahlreichsten sind die Resorptionszellen, zylindrische Zellelemente, deren kleiner, ovoider bis rundlicher Kern basalständig ist. Auf manchen

---

[1] Pl. XXXI, Fig. 3.

Schnittserien sind sie dicht angefüllt mit kugligen Einschlüssen, die auch von *Helix* und anderen beschrieben werden.

Der Häufigkeit nach wären an zweiter Stelle die Fermentzellen zu nennen. Diese sind bedeutend breiter als die vorigen und lassen sich im Schnittbild leicht daran erkennen, daß in ihrem Inneren eine, seltener auch mehrere Vakuolen liegen, die oft eine geradezu ungeheuerliche Größe annehmen können. Nicht selten füllt eine einzige Vakuole die gesamte Zelle aus. Kern und Plasma sind dann völlig beiseite gedrängt. Die Vakuolen sind erfüllt von einzelnen größeren oder zahlreichen kleineren Sekretkugeln, deren olivgrüne Farbe selbst durch Behandlung der Schnitte mit Hämatoxylin-Eosin nicht verändert wird.

Die Kalkzellen sind in geringerer Anzahl vorhanden als die beiden anderen Formen. Sie haben auch in unserem Falle ebenso wie bei *Helix* und anderen Lungenschnecken eine breit-kegelförmige Gestalt, wobei die Spitze der Zelle nach innen zu gerichtet ist. Der sehr große Kern liegt mehr zentral und besitzt einen großen kugligen Nukleolus. Das mit Hämalaun oder Hämatoxylin leicht bläulich gefärbte Plasma zeigt eine feinmaschige Struktur.

Kurz vor dem Magen, am distalen Ende der Lebergänge, geht das Leberepithel ziemlich unvermittelt über in die Wimperzellen der Aus-führgänge. Dieses Wimperepithel unterscheidet sich, vom Flimmerbesatz abgesehen, nur durch seine geringere Höhe von dem des Magens. Bar-furth gibt an, daß bei *Helix* und *Arion* „im Epithelbelag der Gallen-gänge" außer Wimperzellen auch Schleimzellen vorkommen. Auf meinen Präparaten von *Caecilioides acicula* konnte ich keine Schleimzellen finden.

Wie von mehreren Autoren an größeren Stylommatophoren nach-gewiesen ist, tritt der Nahrungsbrei aus dem Magen in die Leber ein. Hierdurch wird bei *Caecilioides acicula* nach Fütterung mit chlorophyll-reicher Nahrung die gesamte obere Hälfte des Eingeweidesackes inner-halb kurzer Zeit dunkelgrün gefärbt. Auf Schnitten sind die Leberräume oft fast ganz erfüllt von einem sehr feinkörnigen Brei. Merkwürdig ist, daß gröbere Nahrungsbrocken, etwa Zellmembranen, fast nie in der Leber gefunden werden, sondern immer nur ein feinkörniger Inhalt, auch wenn der Magen mit gröberen Substanzen prall gefüllt ist (Abb. 33). Nur auf wenigen Schnitten sind ganz vereinzelte fadenartige Bestandteile im Leberinhalt sichtbar. Doch vermochte ich nicht festzustellen, ob es sich dabei um Nahrungspartikel oder erst bei der Fixierung ent-standene Kunstprodukte handelt.

Auf die Tatsache, daß die Leber stets nur von feinkörnigem Inhalt erfüllt ist, macht schon Eckardt bei *Vitrina* aufmerksam. Es scheint demnach bei *Caecilioides*, ebensowenig wie auch bei Vitrinen, nicht ohne weiteres der gesamte „flüssige Mageninhalt zusammen mit den in ihm enthaltenen festen Bestandteilen wiederholt aus dem Magen

in die Lebergänge und Alveolen" (MEISENHEIMER) einzuströmen, sondern
es muß bei dem Übertreten der Nahrung in die Leber eine Art Filtrierung
des Mageninhaltes stattfinden. Den Filterapparat dürfte wahrscheinlich das Flimmerepithel des Leberausführganges darstellen.

Als Nahrung dienen der *Caecilioides acicula* vorwiegend Schimmel-
pilze und die Blättchen von Laubmoosen. In der Gefangenschaft wurden
auch andere zarte Pflanzenteile — Salatblätter und in Scheiben ge-
schnittene Gurke — gern angenommen.

Der Pallialkomplex.

Die stets eng verbundenen Exkretions-, Zirkulations- und Respira-
tionsorgane bilden auch bei *Caecilioides* den typischen einheitlichen

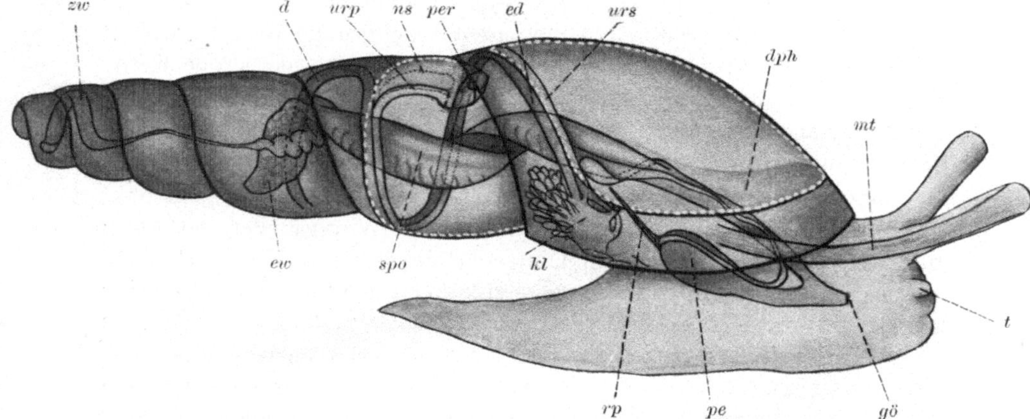

Abb. 35. Lage der Pallial- und Geschlechtsorgane im Tier. NB. Die Niere liegt in Wirklichkeit auf der linken Körperseite. In der Zeichnung ist sie der größeren Deutlichkeit wegen leicht
nach rechts verlegt.

Organkomplex. Die Niere mitsamt dem vom Pericard umschlossenen
Herzen liegt auf der linken Körperseite am Grunde der Lungenhöhle
(Abb. 35). Der Ausführgang der Niere zieht entlang dem in die „Mantelkante" eingebetteten Enddarm nach der rechten unteren Ecke des Mantels und bildet so den rechtsseitigen Abschluß der Lungenhöhle. Fast
parallel zu ihm und in entgegengesetzter Richtung läuft die Vena pulmonalis vom Mantelwulst nach hinten zum Atrium.

Das Respirationsorgan, die Lungenhöhle, dehnt sich bei *Caecilioides
acicula* außerordentlich weit nach oben bzw. hinten aus und erstreckt
sich, ähnlich wie bei *Stenogyra,* über etwa $1\,{}^1/_2$ Umgang des spiralig
aufgewundenen Eingeweidesackes bis kurz unterhalb des querliegenden
Magens. So entfällt bei der beträchtlichen Höhe der untersten Windungen des Intestinalsackes fast dessen gesamte Vorderhälfte auf den
Pallialkomplex. Die Verbindung mit der Außenwelt stellt das Atemloch
dar, das nach außen zu in den Atemgang führt. Nach kurzem Verlauf

erweitert sich dieser zu einer sehr geräumigen „Kloakenhöhle" und nimmt somit die Mündungen von Enddarm und Ureter auf (Abb. 36).

Vom Eingeweidesack abgeschlossen ist die Lungenhöhle durch das „Diaphragma" oder den „Lungenboden", einem von zahlreichen gekreuzten Längs- und Quermuskelfasern durchzogenen dünnen Häutchen. Der eigentliche respiratorisch tätige Teil der Lungenhöhle ist das „Lungendach". Dieses bildet den äußersten Abschluß und liegt der Schale von innen an. An ihr kann es bei wechselnder Kontraktion des Fußes entlanggleiten, ohne daß es sich jedoch davon abhebt. Seine Länge beträgt bei der erwachsenen *Caecilioides* etwa 3,3 mm. Das Lungendach ist entsprechend seiner respiratorischen Funktion von zahlreichen Gefäßen durchsetzt, die sich in der großen Vena pulmonalis sammeln. Diese liegt im mittleren und oberen Abschnitt nur $1/_6$ mm vom Ureter bzw. Darm entfernt. Der dazwischen gelegene, hier auffallend schmale Streifen, der nach SEMPER als „Darmfläche" der Lunge bezeichnet wird,

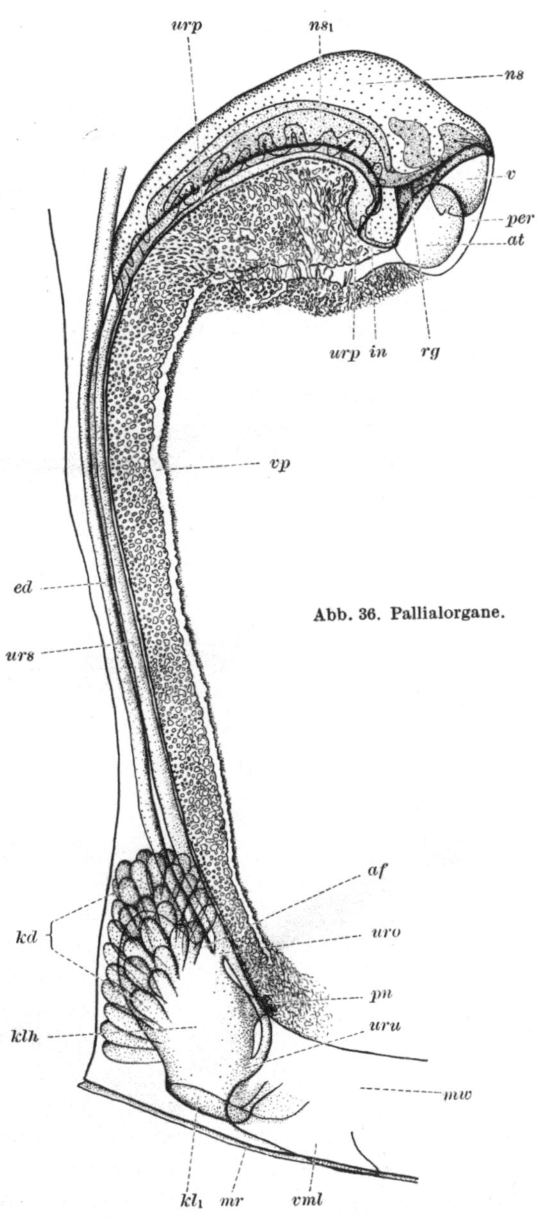

Abb. 36. Pallialorgane.

bildet den gefäßreichsten Abschnitt der Lungendecke. Die Gefäße dieser Lungenhälfte stellen ein außerordentlich feines und sehr dichtes Netz-

werk dar. Nur die Vena pulmonalis tritt in der abpräparierten Lungendecke als stärkstes Gefäß deutlich hervor. Sie ist bereits am lebenden
Tier durch die Schale hindurch zu erkennen. Im Querschnitt erscheint

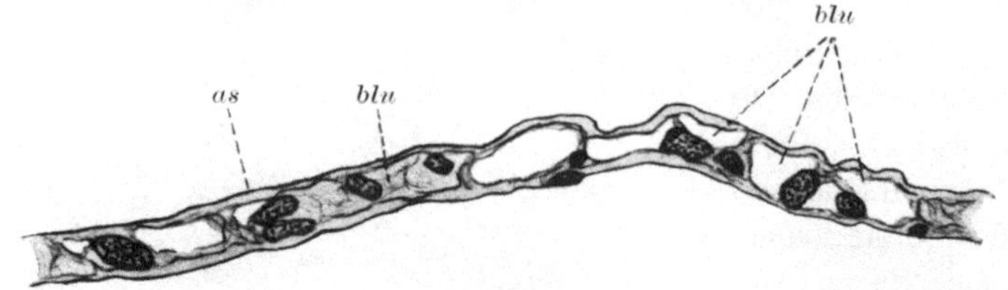

Abb. 37. Lungendach (Querschnitt). 450 × vergr.

die Lungendecke als ein Häutchen, das an seiner stärksten Stelle (Darmfläche!) nur 160 μ dick ist, die Spindelfläche dagegen ist nur etwa 25 μ
stark. Die Blutgefäße treten auf der Innenseite des Lungendaches nicht
leistenartig hervor wie bei den größeren Heliciden, sondern erscheinen
ebenso wie bei *Stenogyra* (83) in die Darmfläche der Lungendecke eingebettet (Abb. 37). Bei der geringen Größe lassen sich histologische
Einzelheiten schwer feststellen. Eine epitheliale Auskleidung der Gefäße

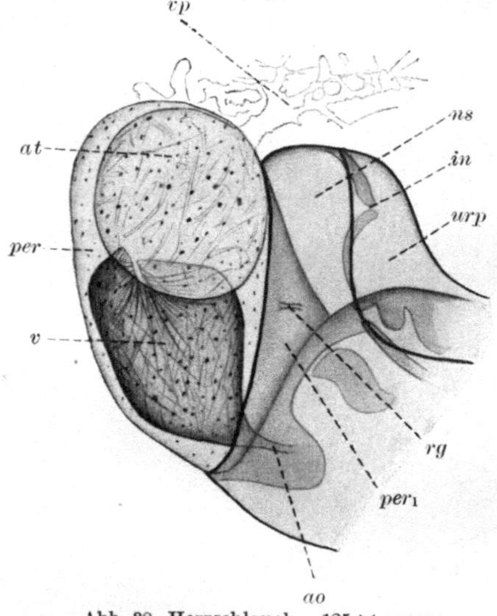

Abb. 38. Herzschlauch. 125 × vergr.

konnte ich nicht nachweisen.

Auf der Spindelfläche der
Lunge reichen die Gefäße nicht
allzuweit jenseits der Vena pulmonalis nach links. Der größte
Teil der linken Lungenhälfte
scheint überhaupt von Gefäßen
völlig frei zu sein.

Einzelheiten des Blutkreislaufes der *Caecilioides acicula* ließen sich nur in geringem Ausmaße ermitteln, da bei der Kleinheit der Schnecke eine Injektions-
möglichkeit ausgeschlossen ist.
Doch geht aus den Befunden an
Schnittserien hervor, daß trotz
mancherlei Abweichungen im einzelnen doch im Grunde dieselben
Verhältnisse herrschen wie bei

Helix pomatia. Das Zentralorgan des Zirkulationssystemes ist der in
Atrium und Ventrikel gegliederte Herzschlauch (Abb. 38). Dieser liegt,
vom Pericard umschlossen, dicht neben der Niere, die etwas über das
Pericard hinweggreift. Die Länge des Pericards beträgt ungefähr $^1/_2$ mm.
Der Herzvorhof ist außerordentlich dünnwandig und weist im Innern

nur wenige lockere Muskelbündel auf. Die Herzkammer dagegen besitzt eine dicke Wandmuskulatur, von der aus zahlreiche, sich vielfach kreuzende und verflechtende Muskelfasern das Lumen durchsetzen.
Zur Verhinderung eines Blutrückstromes befindet sich zwischen Atrium
und Ventrikel an der Einschnürungsstelle ein Klappenventil von demselben Bau wie bei *Helix pomatia* (Abb. 39). Ob ein zweites Klappenventil auch zwischen Ventrikel und der Aortenwurzel vorhanden ist
wie bei *Helix, Buliminus, Stenogyra* usw., vermag ich nicht zu sagen.
Geschlossene Blutgefäße konnte ich, wohl infolge der geringen Größe,
außerhalb der Lungendecke nicht auffinden. Selbst die Aorta vermochte ich nur wenige Schnitte weit zu verfolgen. Im übrigen fielen

mir lediglich mehr oder weniger
große Bluträume von lacunärem
Charakter im Fuß und Intestinalsack auf. Venenstämme, wie sie
SCHMIDT (61) vom Fuß der Weinbergschnecke beschreibt, sind bei
Caecilioides acicula bestimmt nicht
vorhanden. Hier macht der gesamte Fuß vom Kopf bis zur
Schwanzspitze den Eindruck eines
einzigen gewaltigen Blutsinus, der
nur im vordersten Abschnitt durch
eine dünne Bindegewebsmembran
in eine obere und eine untere
Hälfte zerlegt wird, die hinten miteinander in offener Verbindung
stehen. Im unteren Raum liegt
die Fußdrüse; oberhalb der Septe

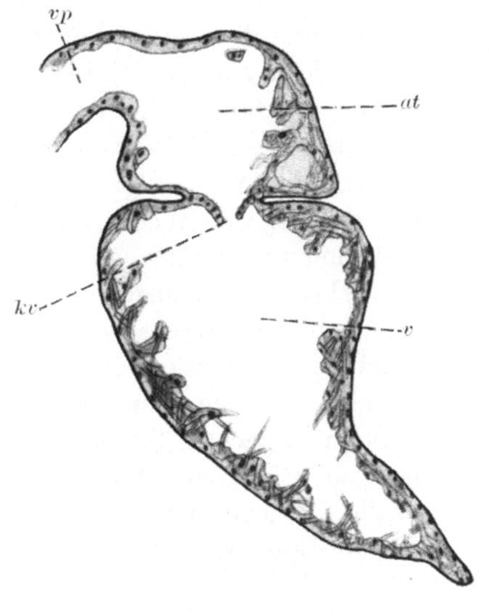

befinden sich alle übrigen Organe der Kopfregion. Im übrigen ist dieser
große Fußsinus, vor allem im unteren und hinteren Teil, von einem
lockeren Geflecht dünner Muskelfasern durchzogen, ohne daß es irgend-
wie zu einer gefäßähnlichen Bildung kommt. Gegen die Lungenhöhle ist
der Blutraum des Fußes abgeschlossen durch das Diaphragma.

Ein zweiter großer Blutraum, der von weitmaschigem, cavernösen
Bindegewebe durchzogen wird, liegt hinter der Niere. Er schiebt sich,
nach oben zu sich verjüngend, zwischen die Äste des unteren Leberlappens und die einzelnen Dünndarmschlingen ein. Oberhalb des Magens
sind zwischen den Divertikeln der Leber einzelne kleine Lacunen sichtbar. Ein mittelgroßer Blutsinus, der ebenfalls von Bindegewebsmaschen
erfüllt ist, liegt in der Gegend der Zwitterdrüse, also oberhalb des Spindel-
muskelursprungs, der Columella an. Auf der apikalen Seite der Zwitterdrüse liegt ein großer Blutraum, der die Naht entlang nach unten zieht.

In dieses cavernöse Gewebe, das später die Mantelkante aufbaut, ist vom Grunde der Lungenhöhle ab der Enddarm fast auf drei Seiten eingebettet. Dieser Rektalsinus steht in enger Verbindung mit einem von Bindegewebsfasern mehr oder weniger freien Blutraum, der dem Rektum oben aufliegt (Abb. 40) und an den Harnleiter anstößt, und der wohl mit der rechten Randvene (Schmidt) der *Helix pomatia* = Vena magna Girod, identisch ist. Dies ist um so wahrscheinlicher, als dieser Blutraum eine direkte Fortsetzung des vorhergenannten Nahtsinus darstellt.

Als letzter großer Sinus wäre noch ein weiterer Blutraum zu nennen, der den Mantelwulst ringförmig durchzieht und ein ziemlich weites, von wenigen Bindegewebsbrücken durchsetztes Rohr bildet.

So hätten wir auch bei *Caecilioides* die von der Weinbergschnecke nachgewiesenen drei großen venösen Bluträume, einen „rechten Randsinus" (= Vena magna), von diesem nach vorn abzweigend den tiefer gelegenen „Rektalsinus", und mit beiden in Verbindung stehend den „Mantelrandsinus" (= Vena circularis).

Die von Nold (56) genau beschriebenen „Langerschen Blasenzellen", die bei der Weinbergschnecke am Aufbau der Gefäße stark beteiligt sind und im lacunären Gewebe die Hohlräume zwischen den Bindegewebsmaschen ausfüllen, konnte ich bei *Caecilioides* nicht finden.

In engem morphologischen und physiologischen Zusammenhang mit den Organen des Blutkreislaufes steht das Exkretionsorgan, die Niere. Schon beim lebenden Tier ist diese im hintersten Winkel der Lungenhöhle durch die Schale hindurch als gelbliches, langgestrecktes Dreieck deutlich zu erkennen. Präpariert man den Pallialkomplex ab und breitet die Lungendecke in einer Ebene aus, so ergibt sich das in Abb. 36 dargestellte Bild. Am hintersten Grunde liegt der Nierensack, der rechts etwas über das Pericard hinweggreift. Links neben dem Atrium beginnt der Nierenausführgang. Er läuft zuerst als „primärer Ureter", dem Nierensack etwas aufgelagert, an diesem entlang bis zur äußeren Spitze des Nierendreiecks und erreicht dort den Enddarm. Von jetzt ab begleitet der Harnleiter als „sekundärer Ureter" das Rektum, mehr oder weniger ihm anliegend, bis zur Kloakenhöhle. Dort mündet er mit einem kurzen oberen Seitenast dicht neben dem After. Ein zweiter, längerer Gang setzt den Ureter in gerader Richtung bis zum eigentlichen Atemgang fort. Unter diesem hinwegziehend, biegt er dann nach links um und führt schließlich in den vorderen Abschnitt der Kloakenhöhle.

Die Aufklärung der inneren Morphologie der Niere bereitete ziemliche Schwierigkeiten. Die am Wachsplattenmodell gewonnenen Vorstellungen fand ich am Sektionspräparat bestätigt, als es mir gelang, den Nierensack zu öffnen.

Der Nierensack stellt einen Schlauch dar, der am Pericard am breitesten ist, sich nach dem Rektum zu verjüngt und nach der Berührung

des Enddarmes blind endet. Von den Wänden dieses Schlauches springen
ins Lumen einige Falten vor. Am mächtigsten ist eine sackartige Bildung, die sich vom „Nierenboden“ aus erhebt, also auf der inneren Wand
des Nierensackes (Abb. 40). Sie beginnt vorn an der Nierenbasis in der
Nähe des Pericards und erstreckt sich fast über drei Viertel der gesamten
Nierenlänge, bis sie kurz vor der Spitze des Nierensackes blind endet.
So entsteht eine „innere“ Kammer, die mit dem übrigen Hohlraum der
Niere vor dem Pericard kommuniziert. In das Lumen dieser Kammer
ragen mehrere ventrale und dorsale Falten hinein. Der Nierenboden

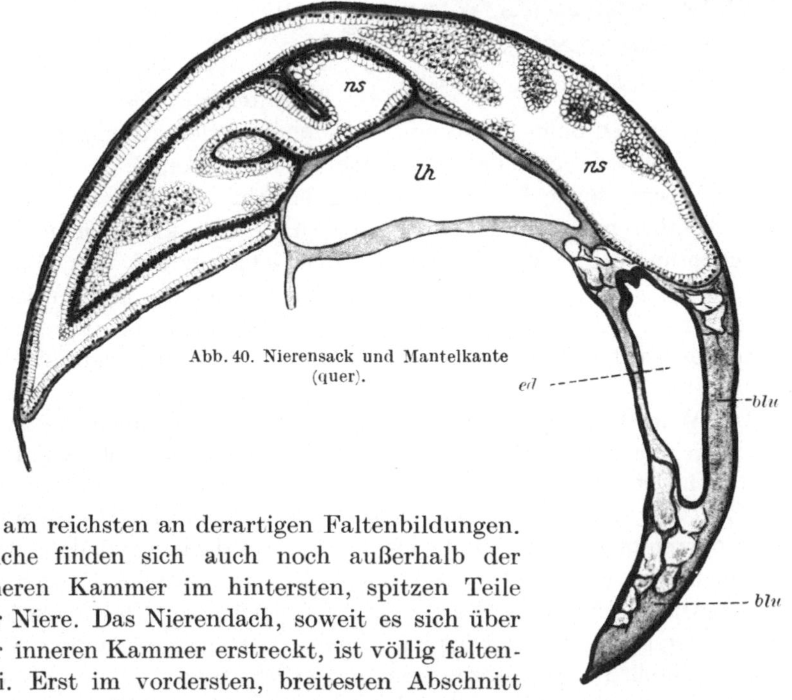

Abb. 40. Nierensack und Mantelkante (quer).

ist am reichsten an derartigen Faltenbildungen.
Solche finden sich auch noch außerhalb der
inneren Kammer im hintersten, spitzen Teile
der Niere. Das Nierendach, soweit es sich über
der inneren Kammer erstreckt, ist völlig faltenfrei. Erst im vordersten, breitesten Abschnitt
der Niere erheben sich nahe der Pericardwand zwei größere Falten.

Die gesamte innere Oberfläche des Nierensackes ist mit homocellu-
lärem, exkretorischen Epithel besetzt. Das Plasma der Exkretzellen
oder Nephrocyten ist zumeist auf einen kleinen Bezirk rings um den
basalständigen Kern herum beschränkt. Der übrige Raum der Zelle
wird von einer großen Vakuole eingenommen, in der sich in der Regel
kuglige Harnkonkretionen finden, die durch Platzen der terminalen
Zellwand entleert werden (Abb. 41).

Die Nephrocyten sitzen einer dünnen Bindegewebslamelle auf. Das
Bindegewebe erstreckt sich auch in die Falten hinein, in denen, vor
allem am terminalen Ende, kleine Bluträume zwischen den Binde-

gewebshäutchen sichtbar sind. In ihnen zirkuliert das Blut, das die Harnstoffe an die Nephrocyten abgibt.

Dort, wo die Niere an den vorderen Teil der Pericardwand anstößt, also dem Herzvorhof gegenüber, trennt eine kleine Scheidewand den eigentlichen Nierensack vom primären Ureter. Eine offene Verbindung zwischen beiden Nierenabschnitten wird hergestellt durch den „inneren Nierenporus", eine kleine, in der Mitte der Trennungswand gelegene Öffnung, deren Ränder leicht wallartig verdickt sind. Vor dem inneren Nierenporus bleibt ein kleiner Teil des Nierensackes faltenfrei. Darin liegt eine zweite innere Öffnung der Niere, die Mündung des „Renopericardialganges". Dieser verbindet als kurzer, dünner Kanal das Pericard mit der Niere. Seine Wandauskleidung besteht aus flachem, zylindrischen Epithel mit großen runden Kernen. Leider kann ich über die Bewimperung nichts aussagen, da ich den Gang nur auf einer einzigen Schnittserie auffinden konnte, bei der die mangelhafte Konservierung keine genaue Feststellung zuließ. An Totalpräparaten des Pallialkomplexes ist die „Nierenspritze" bei starker Vergrößerung gut sichtbar (Abb. 38).

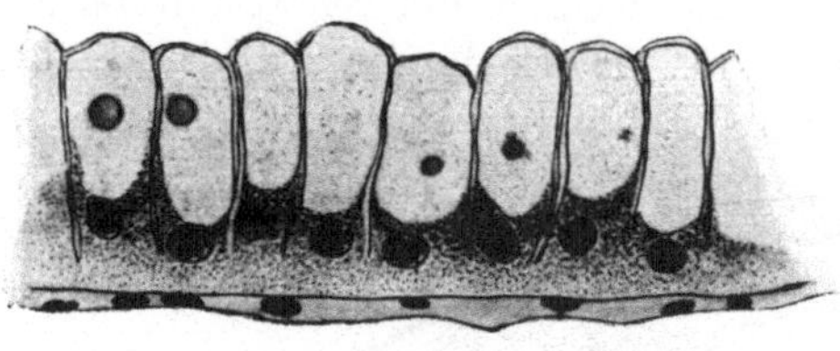

Abb. 41. Nierenzellen. 720 × vergr.

Die Wurzel des primären Ureters ist jenseits des inneren Nierenporus trichterartig erweitert, verengt sich aber sehr bald stark auf den auch vom sekundären Ureter beibehaltenen Durchmesser, der fast dem des Rektums entspricht. Kurz vor dem inneren Nierenporus hören die Nephrocyten plötzlich auf und gehen über in ein flaches Zylinderepithel, das auch den Nierenporus umkleidet. Das zylindrische Epithel des primären und sekundären Ureters ist fast gleichartig. Das feinkörnige Plasma der Epithelzellen zeigt im primären Ureter eine deutliche Streifung, wodurch die Zellgrenzen sehr undeutlich werden. Diese Plasmastreifung ist in den Wandzellen des sekundären Ureters weniger deutlich. Flimmernde „Kalottenzellen", wie sie im primären Ureter mancher Formen nachgewiesen sind, fand ich bei *Caecilioides acicula* nicht. Ebensowenig konnte ich einen „Bürstensaum" auf den Epithelzellen des primären Ureters sicher beobachten.

Die Wand des primären Ureters der *Caecilioides* ist mit Ausnahme der Seite, die dem Nierensack anliegt, von zahlreichen kleinen Bluträumen umgeben, die durch Bindegewebsbrücken mehr oder weniger dicht voneinander abgeschlossen werden. Bei *Helix pomatia* sind die im Grunde gleichen Verhältnisse dadurch komplizierter, daß die eigentliche Wand des primären Ureters netzartig strukturiert ist durch ein aufgelagertes dichtes Gefäßpolster[1]. Dieses wird in unserem Falle durch ein einfaches Lacunensystem ersetzt, ohne daß es dabei zu einer Faltung des Wandepithels kommt. Auch der sekundäre Ureter besitzt bei *Caecilioides* eine völlig glatte Wandung und ist außen ebenfalls nur von Bluträumen umgeben, die in enger Verbindung mit der rechten Randvene stehen.

Schleimzellen, die bei *Helix pomatia* zwischen die Epithelzellen des sekundären Ureters eingestreut sind, konnte ich bei *Caecilioides* nicht beobachten.

Der Ureter mündet, wie schon früher erwähnt, zweiästig in die Kloakenhöhle bzw. in den Atemgang. Daß der Ausführgang der Niere sich vor der Mündung gabelt, ist an sich nicht verwunderlich. Auch bei *Helix pomatia* findet eine Teilung des Harnausführweges vor der Mündung statt. Das geschlossene Harnleiterrohr endet bei dieser kurz vor dem After noch innerhalb der Lungenhöhle und geht über in zwei offene Rinnen. Die größere, eigentliche Mündungsrinne „zieht von der Öffnung des Harnleiters schräg vorwärts durch das Atemloch und begrenzt die Lunge nach vorn"; ... „eine andere, kürzere und weniger tiefe", läuft „von der gleichen Stelle, von der die eben betrachtete ihren Ursprung nahm, zum After" (FREITAG). Neu ist an den Mündungsverhältnissen bei *Caecilioides*, daß diese beiden Rinnen zu geschlossenen Gängen geworden sind. Der „Flimmerrinne" der *Helix pomatia* entspricht der obere, kurze Ausführgang, der wie diese nach dem After hinläuft. Der zweite Ausmündungsgang dagegen, der die direkte Fortsetzung des Harnleiters nach dem Atemloch zu bildet, ist der nichtflimmernden „Mündungsrinne" der *Helix pomatia* gleichzusetzen.

Die Richtigkeit dieser Annahme wird auch bewiesen durch die histologische Beschaffenheit dieser Ureterabschnitte. Der „Mündungsgang" ist nämlich ebenso wie die „Mündungsrinne" der *Helix pomatia* von flimmerlosem Epithel ausgekleidet. Dieses ist bei der Weinbergschnecke kubisch bis zylindrisch, bei *Caecilioides acicula* dagegen mehr abgeplattet. Das flach zylindrische Epithel des zum After führenden kurzen Ganges der *Caecilioides acicula* trägt in gleicher Weise wie das Epithel der „Flimmerrinne" bei *Helix pomatia* hohen Cilienbesatz und gleicht wie dort dem Wimperepithel „am Eingang des Atemloches" (FREITAG), in unserem Fall dem Epithel der Kloakenhöhle. Ich fand in dem „Flimmergang" nie Harnkonkretionen, während der „Mündungsgang" oft dicht davon erfüllt war. Dieselbe Beobachtung machte FREITAG an der Weinbergschnecke. Wenn er deshalb glaubt annehmen zu dürfen, daß die „Flimmerrinne" der Ausleitung der flüssigen Exkrete dient, so kann ich mich ihm hinsichtlich der funktionellen Bedeutung des „Flimmerganges" der *Caecilioides acicula* nur anschließen.

---

[1] Vgl. FREITAG (25).

Die Nierenverhältnisse der Pulmonaten sind teilweise als grundlegend für die Systematik verwertet worden. Ich werde weiter unten auf diese Versuche zurückkommen (s. Kapitel XII).

Im Anschluß an die Beschreibung der Pallialorgane mögen noch einige Bemerkungen folgen über die Kloakenhöhle und die Mantelrandverhältnisse der *Caecilioides acicula*. Die Lage der Kloakenhöhle links neben dem Atemloch, in der rechten Ecke des Mantelwulstes bzw. in dem vordersten Abschnitt der Mantelkante, geht aus der beigegebenen halbschematischen Abb. 36 hervor. Hier im Bereich der Kloakenhöhle geht die Mantelkante in den Mantelwulst über. Dieser bildet den vorderen Abschnitt der Lungenhöhle und legt sich als Ring von wechselnder Dicke um die Basis des Eingeweidesackes herum. Wie bereits erwähnt, verläuft in ihm der Ringsinus. Die Ventralseite des Mantelwulstes zeigt mehrere Lappenbildungen (Abb. 42). Zuerst ist ein zungenartiger, dreieckiger Lappen zu nennen, der auf der rechten Seite vor der Atemöffnung liegt. Basal ist dieser „vordere Mittellappen“ über die Hälfte mit dem Mantelwulst verwachsen, während die spitz ausgezogene Vorderhälfte frei in den Raum zwischen Mantelwulst und Körperwand hineinragt. Nach hinten zu geht der Lappen in einen vom Mantel-

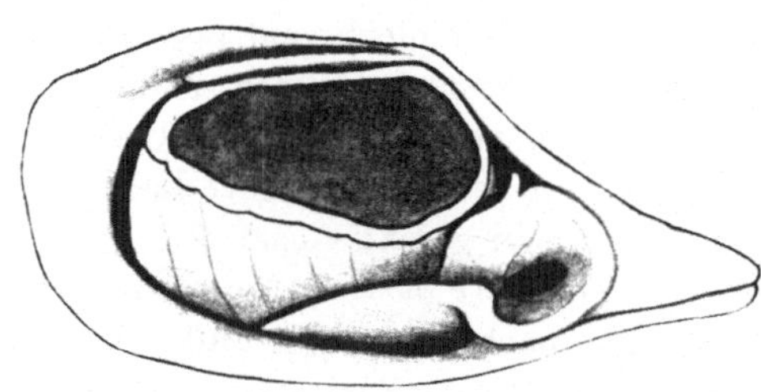

Abb. 42. Mantelscheibe (von unten). 35 × vergr.

wulst nur durch eine seichte Furche abgesetzten Bezirk über. Dieser umgibt die äußere Öffnung des Atemganges trichterartig und setzt jenseits der Öffnung einen zweiten, kompakteren Lappen ab, den „hinteren Mantellappen“. Von ihm ist wiederum ein kleines äußeres Läppchen abgegliedert. Der genannte Trichter ist nicht völlig geschlossen, sondern läßt rechts neben dem vorderen Mantellappen einen schmalen tiefen Graben frei. Die ausgestoßenen, schnurartigen Fäzes nehmen nach Verlassen der Kloake auf kurzer Strecke ihren Weg durch diesen Graben.

Eine weitere Lappenbildung findet sich auf der linken Körperseite, wo ein schmaler, faltenartiger Saum an der Innenfläche des Mantelwulstes von hinten nach vorn zu abgelöst ist. Er erstreckt sich etwa über das vordere Drittel des Mantelwulstes und ist auf seiner ganzen Länge basal mit diesem verwachsen. Eine seichte, trennende Furche ist auch am Hinterrand des vorderen Mantellappens vorhanden. Sie zieht neben dem vom Mantelwulst abgesetzten „Trichter“ vorbei, der den Atemgang umgibt, auf die Mantelecke zu und trennt die rechte Seite des Mantelwulstes von der linken.

Diese vor dem Pneumostom bzw. vor der Kloake gelegenen Differenzierungen des Mantelwulstes bilden einen Verschlußapparat des Atemganges. In seiner Gesamtheit stellt der Wulstring des Mantels einen solchen für das gesamte Schneckengehäuse dar. Wie aus der Abb. 42 deutlich wird, kann durch Aneinanderlegen der Wände des „Trichters", also durch Anpressung des hinteren Mantellappens an den vorderen, der Atemgang geschlossen werden. Sobald sich aber das Tier in der Schale zurückgezogen hat, breiten sich die Ränder des Mantel-wulstes von allen Seiten her über den zurückgezogenen Schneckenfuß aus, diesen scheibenartig bedeckend. Der linke Seitenlappen kann bei dem Verschluß des Gehäuses ebenso wie der hintere Lappen eine Verbreiterung des Mantelwulstes herbeiführen. Dagegen bleibt die Bedeutung des vorderen Lappens der rechten Seite unklar.

Die Kloakenhöhle der *Caecilioides* wird im oberen Teil von einem mächtigen Komplex außerordentlich großer, einzelliger Drüsen umgeben (Abb. 36, 43).

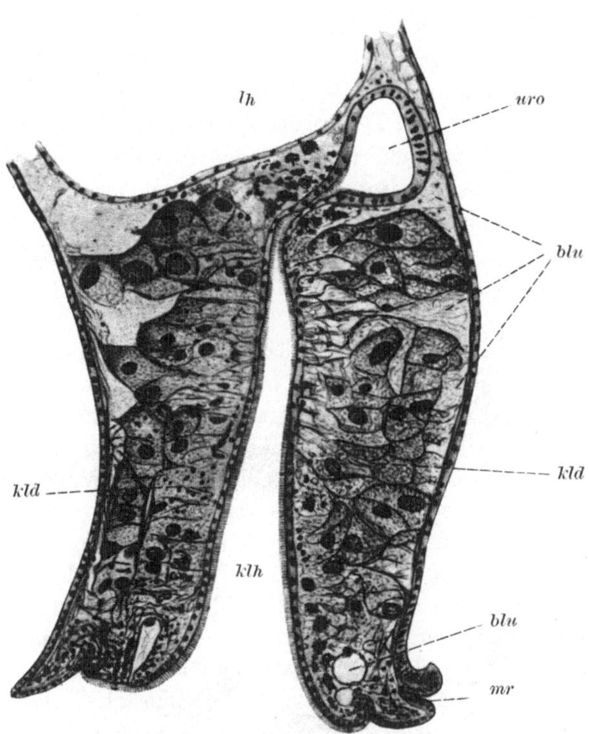

Abb. 43. Kloakenregion (längs). 280 × vergr.

Diese Drüsenzellen färben sich zumeist mit Hämatoxylin violett, machen also den Eindruck von Schleimdrüsen. Ihr Inhalt erscheint feinkörnig, und die rundlichen Kerne zeichnen sich durch auffallende Größe aus. Zwischen diesen Riesenzellen treten wenige Eiweißdrüsen auf, deren Inhalt sich mit Eosin leuchtend rot färbt. Als weitere, nur vereinzelt auftretende Zellform, wären schließlich noch Kalkzellen zu erwähnen, die nach dem vorderen Rande der Kloakenhöhle zu sich zwischen die vorigen einschieben. Das ganze Drüsenpaket wird durchsetzt von einzelnen Muskel- und Bindegewebsfasern, die dem Gewebe der Mantelkante zugehören. Die Drüsenzellen ergießen ihr Sekret in die Kloakenhöhle. Diese ist im obersten Teil von einem dünnen Platten-epithel ausgekleidet. Von der Einmündung des Enddarmes und des „flimmernden" Ureterastes ab wird das auskleidende Epithel kubisch und trägt einen hohen Wimpersaum. Der Flimmerbesatz setzt sich auch auf die äußerste Umgebung des Atemganges fort, erstreckt sich also auf die Wand des oben genannten „Trichters", den hinteren Mantel-lappen und die hintere Hälfte des vorderen Lappens. Die Rinne, durch welche die Mantellappen gegen den Mantelwulst abgesetzt sind, bildet die Grenze der Wimperbedeckung.

Morphologisch stellen die Elemente der „Kloakendrüse", wie ich diesen Drüsenkomplex nennen möchte, modifizierte Epithelzellen dar. Die physiologische Bedeutung des Drüsenpaketes dürfte darin bestehen, daß durch das Drüsensekret die Wände der Kloakenwand schlüpfrig gehalten werden, wodurch das Ausstoßen der Exkremente erleichtert wird. Der Flimmerbesatz im Innern der Höhle sorgt für gleichmäßige Verteilung des Sekretes auf der Kloakenwand. Daß durch die Tätigkeit des Wimperbesatzes zugleich auch die von den beiden „Ureterästen" ausgeschiedenen Exkrete nach außen befördert werden, ist als wahrschein-lich anzunehmen.

Derartige Kloakendrüsen sind anscheinend unter den Stylommato-phoren weiter verbreitet, wie bisher angenommen wurde [1]. Von *Stenogyra* z. B. schreibt schon WIEGMANN (82): „Auf der Innenseite des Mantel-randes sitzt ein auch bei *Stenogyra octona* beobachteter, gegen das Pneumostom sich erstreckendes und vermutlich dort öffnendes Drüsen-organ. Ob dasselbe mit der anderwärts vorkommenden Analdrüse homolog ist, muß einstweilen unentschieden bleiben." WILLE beschreibt dieses Organ als „Manteldrüse". Leider bildet er nur einen Längsschnitt ab, aus dem die genaue Gestalt und Lage des Drüsenkomplexes nicht ersichtlich ist. Doch weist er darauf hin, daß eine Homologisierung mit den Anal- oder Rektaldrüsen anderer Formen nicht zulässig ist, da diese „Ausstülpungen und Blindsäcke" des Enddarmes darstellen. Die „Manteldrüse" der Stenogyren dagegen als homolog der „Kloaken-drüse" der *Caecilioides* anzusehen, steht nach meinem Ermessen nichts im Wege.

Dasselbe gilt wahrscheinlich auch für die „Spirakulumdrüse", die ECKARDT bei den Vitrinen und einigen Limaces (*Limax tenellus, Agriolimax laevis*) nachgewiesen hat. Bei *Vitrina* dehnt sich dieser Drüsenkomplex „einerseits im Basalgebiet des rechten Schalenlappens wie im Hinter-ende der Kapuze, die die andere Seite des Atemloches bildet, in be-deutender Weise aus, so daß auch der Atemgang nach vorn zu von jenen Zellen flankiert wird" (ECKARDT).

---

[1] WATSON (s. Nachtrag!) hat die Kloakendrüse auch bei *Ferussacia folli-culus* und *F. oranensis* nachgewiesen.

Als drüsig entwickelte Kloakenhöhle möchte ich auch den „Schleimbeutel" von *Zonites algirus* ansehen, der neben dem Pneumostom „am Rande des Lungendaches als reiskorngroßes Gebilde vorspringt" (NALEPA). Im Querschnitt läßt dieser „einen zentralen, mit niederem Epithel ausgekleideten Ausführgang" erkennen, um den radiär mächtig entwickelte Schleimdrüsen gelagert sind. Dieselbe Bildung hat anscheinend auch SIMROTH (68) bei *Zonites verticillus* vor sich gehabt, wenn er von dieser Art schreibt: „Besonders merkwürdig ist der Geruchsnerv [1]; denn er läuft zu einem massigen Blindsack der Atemhöhlendecke, der dicht vor dem Atemloch sich öffnet." Die Zeichnung, die ERDL (17) unbeabsichtigt von dem „Schleimbeutel" des *Zonites algirus* gegeben hat, bestärkt mich in meiner Auffassung.

STREBEL (75) hat bei *Glandina, Streptostyla* und *Strebelia* neben dem After „eine sehr deutliche ... Drüse" aufgefunden, die nach seinen Abbildungen eine echte „Kloakendrüse", im obigen Sinne darstellen dürfte.

Wie weit der durch PLATE von *Daudebardia* beschriebene „Schleimsack" der Kloakendrüse der *Caecilioides acicula* gleichzusetzen ist, vermag ich nicht zu entscheiden. Seine Lage auf der rechten Körperseite neben dem After könnte dafür, die Faltung des Bodens und die dadurch verursachte Bildung kleiner Seitentaschen, dagegen sprechen. Leider gehen aus der PLATEschen Beschreibung die genaue Form und Größe des Drüsenkomplexes nicht hervor.

Zum Schlusse hätten wir noch einer physiologischen Eigentümlichkeit der Kloakenhöhle der *Caecilioides acicula* zu gedenken, nämlich einer sonderbaren, pulsierenden Bewegung, die durch rhythmisches Schließen und Öffnen der Kloakaltasche zustande kommt [2]. Diese Bewegung kann sowohl an der kriechenden, weit ausgestreckten, als auch an der in die Schale zurückgezogenen Schnecke beobachtet werden. Ihr Ablauf vollzieht sich von der Spitze der Kloakenhöhle aus nach ihrer Basis, dem eigentlichen Atemgange zu. Die Kloakenhöhle ist im Querschnitt elliptisch. Es legen sich nun von hinten nach vorn zu die beiden Breitseiten der Tasche aneinander und führen so schließlich zu einer völligen Verdrängung des Lumens der Höhle. Kurz vor dem eigentlichen Atemgang verschwindet plötzlich die Welle, die den Verschluß herbeiführt, und die Höhle ist sofort wieder in ihrer ganzen Lage geöffnet. Der Atemgang wird also von dem Verschluß der Höhle nicht

---

[1] SIMROTH hielt das Organ für ein Osphradium.

[2] H. HOFFMANN, Jena, hat im „Bronn" (70) auf Grund meiner ihm vor Abschluß der Untersuchung mitgeteilten vorläufigen Ergebnisse diese Erscheinung als Atembewegung beschrieben. Nach genauer morphologischer Analyse der Mantelrandverhältnisse aber ergab sich, daß die Bewegungen nicht von der Lungenhöhle ausgehen, wie ich damals annahm und wie es bei Betrachtung von außen den Anschein hat, sondern von der Kloakenhöhle.

berührt. Da die schleimbedeckten Wände der Kloakenhöhle eine totale Reflektion des durch die glashelle Schale und das Gewebe des Mantels hindurchfallenden Lichtes bewirken, erscheint die Kloakaltasche im geöffneten Zustand als ein silbergrauer Bezirk. Mit dem Verschluß verschwindet stets die Reflektionserscheinung, und die Höhle wird unsichtbar. Dadurch ist der Ablauf und der Rhythmus der Bewegung der Kloakenhöhle von außen sehr auffallend und gut zu beobachten. Das Schließen der Kloakenhöhle wird in größeren oder kleineren Zwischenräumen mehr oder weniger oft rhythmisch wiederholt, wodurch dem Beobachter der Eindruck einer pulsierenden Bewegung entsteht. Ich habe die aufeinander folgenden Pulsationen gezählt, mit der Stoppuhr auch den zeitlichen Ablauf festgestellt und fand, daß die Verschlußbewegung 1—20 mal wiederholt werden kann, ehe eine größere Pause folgt. Die Intervalle zwischen mehr als zweimal wiederholten Bewegungen betragen meist nicht ganz 1 Sekunde. Doch kommen neben viel längeren auch außerordentlich kurze Zwischenzeiten vor, wie aus der folgenden Tabelle hervorgeht:

Zahl der aufeinander folgenden Pulsationen	Zeit in Sekunden	Zeitliche Intervalle in Sekunden [1]	Datum
20	18	0,9	Juli 1926 [2]
13	15	1,15	
12	11	0,9	
25	32	1,28	
12	15	1,25	
10	10,5	etwa 1,00	
10	9	0,9	
3	7	2,3	
10	9,1	0,9	
12	21	1,75	

Im August 1926 (Zimmertemperatur 21⁰ C) wurden folgende Intervallzeiten mit der Stoppuhr gemessen:

0,6; 1,1; 1,8; 1,6; 2,5; 11,6; 1,8; 1,0; 0,8; 1,2; 1,0; 1,1; 8,6; 1,2; 0,6; 4,4; 1,1; 4,9 Sekunden und so fort.

Am 20. XII. 1926 stellte ich im 17⁰ C warmen Zimmer folgende Intervalle fest: 1,0; 1,0; 1,0; 0,75; 0,75; 0,9; 0,9; 0,9; 2,0; 5,0; 16,5; 4,0; 13,0; 1,5; 8,0 Sekunden und so fort.

Wie mir scheint, ist die Dauer der Pulsationen und die Schnelligkeit ihres Ablaufes etwas von der Außentemperatur abhängig. Während z. B. im Dezember 1926 (siehe oben) zahlreiche größere Pausen zwischen

---

[1] Die Intervalle sind errechnete Mittelwerte!
[2] Zimmertemperatur 21⁰ C.

den einzelnen Pulsationen beobachtet wurden, erfolgten am 26. VII. 1926
bei sehr hoher Lufttemperatur (deren genaue Feststellung wurde leider
versäumt; doch war die Temperatur sicher höher wie 25⁰ C) im sonnigen
Zimmer die einzelnen Pulsationen sehr schnell aufeinander und die Pausen zwischen zwei Pulsationsreihen waren recht kurz. Die Intervalle
zwischen den einzelnen Pulsationen betrugen nie mehr wie 1 Sekunde,
meist jedoch viel weniger, z. B.: 0,4; 0,6; 0,4; 0,6; 0,4 Sekunden und
so fort.

Ferner ist auch der Kontraktionszustand des Tieres von Einfluß.
Bei dem völlig ausgestreckten, kriechenden Tier laufen die Bewegungen
beschleunigter ab wie bei eingezogenem Fuß.

Unabhängig dagegen sind die Schließbewegungen der Kloakenhöhle
vom Herzschlag. Die Kontraktionen des Herzens lassen sich gut durch
die Schale hindurch beobachten. Die Systole des Vorhofes geht der
des Ventrikels voran. Die einzelnen Schläge folgen ziemlich regelmäßig
aufeinander, und ich fand nur geringe Schwankungen der Intervalle
zwischen zwei Kontraktionen. Im Sommer (Juli 1926) beobachtete ich,
daß Systole und Diastole etwas schneller aufeinander folgten, wie im
Winter. Während ich z. B. am 20. XII. 1926 nur 60—75 Herzschläge
pro Minute zählen konnte (Zinmertemperatur 17⁰ C), beobachtete ich
Mitte Juli 1926 80—100 Schläge in der Minute. Die Intervalle zwischen
zwei Herzschlägen betrugen im Dezember bei Zimmertemperatur 0,82;
0,83; 0,81; 1,04 Sekunden und so fort, im Juli dagegen 0,75; 0,70;
0,70; 0,60 Sekunden und so fort. Die zuletzt genannten Zahlen vom
Dezember und Juli 1926 beziehen sich auf je 1 Schnecke. Ein Vergleich
der Tätigkeit der Kloakenhöhle und des Herzens ergab für das zuletzt
angeführte, im Juli 1926 (Zimmertemperatur etwa 21⁰ C) beobachtete
Tier folgende Zahlen:

Intervalle zwischen zwei Pulsationen

des Herzens:	der Kloakenhöhle:
0,75 Sekunden	0,3 Sekunden
0,7 ,,	0,5 ,,
0,7 ,,	0,8 ,, usf.

Diese Zahlen zeigen zur Genüge die Unabhängigkeit beider Pulsationsbewegungen voneinander. Dazu kommt noch, daß die Herztätig-
keit nie aussetzt wie die der Kloakenhöhle. Der Verschluß der Kloakaltasche wird wahrscheinlich ohne Beteiligung des Blutdruckes nur durch
die Muskelfasern des umgebenden Gewebes herbeigeführt.

Derartige Pulsationen der Kloakenhöhle sind, soweit ich sehe, in
der Pulmonatenliteratur noch nirgends als solche beschrieben. Nun hat
aber 1921 MERMOD (52) am Mantelrand der *Hyalinia lucida* ein pul-
sierendes Organ entdeckt, das hinsichtlich seiner Lage und vor allem
durch seine Bewegungserscheinungen gewisse Ähnlichkeiten mit der

pulsierenden Kloakenhöhle der *Caecilioides acicula* aufweist. Mermod beschreibt dieses Organ wie folgt: „Il a sa racine dans la veine circulaire et se présente sous forme d'une sorte de hernie à l'intérieure du canal de l'uretère." Mermod konnte über den feineren Bau keine Klarheit erlangen. Daß ihm Injektionen des betreffenden Organes nicht gelungen sind, ist mir ein Beweis dafür, daß Mermod sich geirrt hat bezüglich der Natur dieses Organes. Die völlige Unabhängigkeit der fraglichen Pulsationen am Mantelrand der Hyalinia vom Herzschlag und ihr Ablauf als „une suite de saccades très rapides", sprechen dafür, daß es sich auch hierbei um Pulsationen der Kloakenhöhle handelt. Mermod beobachtete im Mittel pro Minute 56 Herzschläge, dagegen 76, 80 und 100 Pulsationen in derselben Zeit am Mantelrand. Diese Zahlen gleichen ungefähr den von mir bei *Caecilioides* gefundenen. Mermod deutet dieses Organ als eine Art „Venenherz", das die Blutzirkulation im Circulus venosus befördern soll. Ferner hält er es für möglich, daß es druck- bzw. saugpumpenartig wirkt und so für die Entleerung des Ureters von Bedeutung ist. Diese beiden Ansichten befriedigen wenig. Nach meinen Beobachtungen an *Caecilioides acicula* glaube ich, daß die Pulsationen der Kloakenhöhle zur Atmung in Beziehung stehen. Die rhythmischen Schließbewegungen der Kloakaltasche haben erstens eine ständige Erneuerung der in der Kloakenhöhle und im Atemgang eingeschlossenen Luft zur Folge. Gleichzeitig wird wahrscheinlich noch ein Ventilationsstrom vor dem Eingang der Lungenhöhle erzeugt, indem die aus der Kloakenhöhle plötzlich ausgepreßte Luft in der Gegend des Pneumostoms eine schwache Luftverdünnung hervorruft. Durch diese wiederum wird in der Lungenhöhle eingeschlossene Atemluft mit nach außen gerissen, während in den Intervallen zwischen den Pulsationen frische Atemluft in die Lungenhöhle nachströmt.

1925 hat Steenberg das von Mermod aufgefundene „pulsierende Organ" bei zahlreichen Arten der Pupilliden nachweisen können und zwar in allen Fällen, wo er danach gesucht hat. Er schreibt deshalb sehr richtig: „L'organe n'est certainement pas réservé au genre Hyalinia; il est évidemment assez commun; mais comme il est surtout visible quand il bat, les auteurs précédents ne l'ont pas remarqué." Steenberg beobachtete bei *Chondrina similis*, die sich seit einiger Zeit in die Schale zurückgezogen hatte, sechs Pulsationen in der Minute. Er hat keine histologische Untersuchung vorgenommen; nach seinen Abbildungen (74, Textfig. 21; Taf. 30, Fig. 4) dürfte jedoch kein Zweifel sein, daß wir auch bei den Pupilliden in diesem fraglichen Organ eine pulsierende Kloakenhöhle vor uns haben. Steenberg glaubt mit Mermod, daß jenes Organ zum Kreislauf Beziehung hat. Mermod's zweite Vermutung lehnt er für die Pupilliden ab, da diesen ein sekundärer Ureter fehlt und somit keinerlei Einfluß auf die Harnentleerung möglich ist. Auch für die Pupilliden liegt nach meiner Auffassung die Bedeutung dieses Organes in seinem Einfluß auf die Ventilation der Atemluft.

Künftige Untersuchungen werden zeigen, wie weit die obige Homologisierung berechtigt ist und ob auch die erwähnten „Schleimbeutel" der Zonitiden und Daudebardien, bzw. die Kloakenbezirke bei *Glandina*, *Streptostyla* und *Strebelia* entsprechende Pulsationsbewegungen aufweisen. Wenn die Verbreitung der Kloakenhöhle bzw. Drüse genauer festgelegt ist als heute, wird sich auch ergeben, ob wir in ihnen ein systematisch verwertbares Merkmal vor uns haben [1].

Vergleichen wir den Exkretionsapparat der *Caecilioides acicula* mit der Niere von *Helix pomatia*, *Stenogyra* und vielen anderen Landschnecken, so stellen wir in bezug auf die innere Morphologie zwar eine prinzipielle Übereinstimmung fest. Jedoch ist bei *Caecilioides* eine wesentliche Vereinfachung des inneren Nierenreliefs unverkennbar. So sind die Faltenbildungen im Nierensack viel weniger zahlreich als in der Niere der größeren Stylommatophoren. Einfaltungen der Ureterwand, die sich z. B. bei *Helix pomatia* vom inneren bis zum äußeren Nierenporus finden, fehlen bei *Caecilioides acicula* völlig. Mit anderen Worten, der Nierenapparat der *Caecilioides acicula* zeigt im Verhältnis zu größeren Formen eine viel geringere Entwicklung der inneren Oberfläche. Dieser geringen inneren Oberflächenentwicklung des Exkretionsapparates geht parallel eine ebensolche in den Verdauungsorganen, dem Darmtraktus und der Leber. Darauf ist schon weiter oben hingewiesen worden. Das gesamte Darmrohr der Weinbergschnecke ist mit Ausnahme des Enddarmes reich gefaltet. Bei *Caecilioides* treffen wir eigentliche Faltenbildungen nur im Anfangsteil des Dünndarmes an und auch hier nur in viel geringerem Ausmaße (vgl. S. 390). Viel auffallender und noch charakteristischer sind die inneren Reliefverhältnisse der Leber. Bei *Helix pomatia* durch zahlreiche Falten- und Divertikelbildungen außerordentlich reich gegliedert, stellen die beiden Leberlappen bei *Caecilioides acicula* je einen ziemlich weiten Schlauch dar, der durch kürzere oder längere seitliche Aussackungen wenige Divertikel bildet. Durch leichte, halbkugelförmige Einsenkungen der Innenwand ist hier das Prinzip der Oberflächenvergrößerung mehr nur angedeutet wie durchgeführt.

Angeregt durch die vor kurzem erschienene Schrift von R. HESSE „Über Grenzen des Wachstumes" [2], liegt es mir nahe, diese geringe Entfaltung der an der Resorption und Exkretion der *Caecilioides acicula* beteiligten inneren Oberfläche in Beziehung zu setzen zu der geringen Körpergröße dieser Schnecke. R. HESSE greift in seiner Schrift einen

---

[1] Problematischer Natur sind die von ECKARDT (16) bei *Vitrina* beobachteten Pulsationen zwischen Rektum und sekundärem Ureter. Diese sollen mit der Herzbewegung korrespondieren und vom großen Randsinus ausgehen.

[2] Jena: Verlag G. Fischer 1927.

Gedanken R. Leuckarts auf, daß Körpergröße und Körperbau der Tiere bis zu einem gewissen Grade voneinander abhängig sind. Hesse führt diesen Gedankengang weiter fort und kommt auf Grund von Studien an Poriferen, gewissen Coelenteraten, Würmern und einigen Säugern zu der Annahme, daß „die Körpergröße eine Funktion (im mathematischen Sinne) der Darmoberfläche" ist (nicht umgekehrt).

Da bei den Pulmonaten nun die Leber zwar nicht den alleinigen, aber sicher den Hauptanteil an der Resorption der Nahrungsstoffe hat, wäre im Sinne Hesses die Entwicklung der inneren Leberoberfläche besonders bedeutsam für die Körpergröße. Damit wäre durch die obige Hypothese Richard Hesses der große Unterschied, der hinsichtlich der Entfaltung der inneren Leberoberfläche zwischen der kleinen *Caecilioides* und der großen *Helix pomatia* besteht, biologisch begründet. Und daß einer geringeren resorbierenden Oberfläche auch eine geringere excernierende gegenübersteht, ist physiologisch verständlich und damit die verhältnismäßig geringe innere Oberflächenentwicklung des Nierenapparates der *Caecilioides* erklärt.

Leider liegen in dieser Richtung vorgenommene Untersuchungen von Schnecken noch nicht vor. Wir sind überhaupt über die inneren Reliefverhältnisse des Verdauungsapparates und auch der Niere der Gastropoden noch sehr wenig unterrichtet, da sich die älteren Bearbeiter meist mit der Festlegung der äußeren Morphologie und Lage dieser für die Systematik wichtigen Organe begnügten. Bis eine genügende Durcharbeitung des weiten Gebietes in obiger Richtung erfolgt ist, dürfen derartige Erwägungen, wenigstens für die Schnecken, natürlich nur mit größtem Vorbehalt ausgesprochen werden. Trotzdem erscheint mir das Problem interessant genug, auf diese auffallenden Verhältnisse wenigstens hinzuweisen.

Nervöser Apparat und Sinnesvermögen.

Das Nervensystem der *Caecilioides acicula* ist bisher nur von Wiegmann untersucht worden. Seine darüber hinterlassenen Notizen und eine Abbildung wurden 1922 durch P. Hesse (34) veröffentlicht. Wiegmann standen nur zwei Tiere zur Verfügung, und deshalb ist es verständlich, daß seine Beschreibung der Ergänzung bedarf.

Ich muß vorausschicken, daß es mir bei meiner Untersuchung vorwiegend auf die morphologische Beschreibung der Ganglien und die Feststellung ihrer gegenseitigen Verbindungen und der austretenden Nerven ankam. Die Verfolgung der einzelnen Nerven bis zu den durch sie innervierten Organen habe ich der Kleinheit des Objektes wegen unterlassen. Ich halte mich dazu um so eher für berechtigt, als das Nervensystem der Pulmonaten im allgemeinen gut durchgearbeitet ist und neben vielen kürzeren Beschreibungen mehrere sehr gründliche neuere Untersuchungen vorliegen. So hätten bei der vorgefundenen prinzipiellen Übereinstimmung keine wesentlich neuen Feststellungen erwartet werden können. Nur der Innervierung der Tentakel bin ich genauer nachgegangen, um die durch die Augenlosigkeit der *Caecilioides* abgeänderten Verhältnisse festzulegen. Was die Nomenklatur betrifft, so folge ich im allgemeinen MEISENHEIMER (51), dessen Namen auch von E. SCHMALZ (60) und anderen angenommen worden sind.

Wie für die Mehrzahl der Pulmonaten ist auch für *Caecilioides* eine starke Konzentration der Ganglien auf die Kopfregion des Fußes charakteristisch. Das Zentralnervensystem umschließt als geschlossener Ring den vordersten Abschnitt des Ösophagus. Wie bei allen anderen Formen nimmt der Schlundring auch in unserem Falle diese Normallage nur beim völlig gestreckten Tier ein. Je nach der Kontraktion verschiebt er sich mehr oder weniger weit nach vorn hin über den Pharynx und kann über dessen vordersten Abschnitt angetroffen werden. Die einzelnen Elemente des Zentralnervensystems von *Caecilioides acicula* sind dieselben wie bei *Helix pomatia* und anderen Pulmonaten (Abb. 44).

Wir finden die bekannten fünfpaarigen Ganglien und ein unpaares: 2 Cerebral-, 2 Pedal-, 2 Pleural-, 2 Parietalganglien und

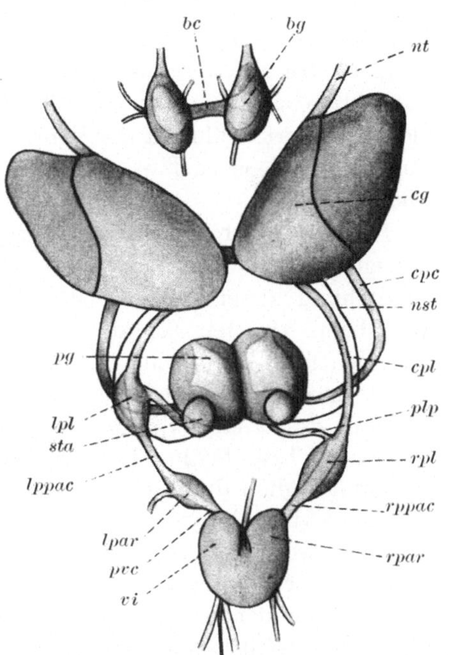

Abb. 44. Schlundring. 100× vergr.

1 Visceralganglion. Dazu kommen noch die nicht eigentlich mehr zum Schlundring gehörigen 2 Buccalganglien und 4 Paar peripher gelegene Zentren, von denen je ein Paar den Tentakeln und Mundlappen zukommt, während ein weiteres Paar dem Pharynx unten anliegt und ihm zugerechnet werden muß. Die Ganglien des Schlundringes sind durch die üblichen Kommissuren und Konnektive verbunden. Die Lage ist dieselbe wie etwa bei *Helix pomatia*: Die Cerebralganglien dorsal, alle übrigen ventral vom Ösophagus. Die Buccalganglien liegen ebenfalls wie dort dem hintersten Teil des Pharynx dorsal auf und behalten diese Lage auch bei Verschiebung des Schlundringes bei. Ihre Lage ist also mehr fixiert als die der übrigen Teile des Nervensystems. Der Schlundring ist wie immer von Bindegewebe umhüllt, das bei *Caecilioides acicula* im Gegen-

satz zu den Heliciden, Buliminiden, *Stenogyra* usw. pigmentfrei ist. Dies braucht bei einem subterran lebenden Tier, das überhaupt jeglichen Pigmentes entbehrt, nicht zu überraschen.

Im ganzen fällt uns an dem Schlundring der *Caecilioides acicula* die für eine Lungenschnecke auffällige Dezentralisation auf. Pleural-, Pedal- und Parietalganglien sind verhältnismäßig weit voneinander getrennt und durch ziemlich lange Konnektive verbunden. Nur das rechte Parietalganglion ist mit dem unpaaren Visceralganglion teilweise verschmolzen. Ferner ist das linke Parietalganglien dem Visceralganglion stark genähert. Also eine beginnende, noch wenig fortgeschrittene Konzentration, durch die ganz ähnliche Verhältnisse geschaffen sind, wie bei *Stenogyra decollata*. Nur sind bei dieser die Pleuropedalkonnektive etwas kürzer, die Pleuralganglion den Pedalganglien also mehr genähert, während die Verschmelzung des Visceral- und rechten Parietalganglions nach WILLES Abbildung nicht ganz so eng ist als bei *Caecilioides*.

Bei stärkerer Kontraktion des Fußes der *Caecilioides acicula* kommt es zugleich mit der Verlagerung von Pharynx und Schlundring zu einer Verdrehung dieser Organe. Man kann dann auf Querschnitten oder auch beim sezierten Tier den Schlundkopf querliegend finden, so daß die eigentliche Dorsalseite der linken Körperwand zugewendet ist. Oft findet man, gleichzeitig oder auch etwas unabhängiger von der Verdrehung des Pharynx, die Cerebralganglien nicht symmetrisch zum Ösophagus bzw. Schlundkopf liegend. Zugleich wird dann das rechte Cerebralganglion durch den Genitalapparat etwas nach vorn gedrückt. Hierdurch tritt auch eine leichte Verlagerung des rechten Parietal- und des Visceralganglions ein. Diese beiden, fast völlig verschmolzenen Ganglien, liegen normalerweise horizontal nebeneinander. Durch die Verschiebung der Cerebralganglien erfolgt eine Verdrehung dieses Komplexes um fast 90°, wodurch das rechte Parietalganglion dann über das Visceralganglion zu liegen kommt.

Es möge nun eine Beschreibung der einzelnen Elemente des Schlundringes folgen.. Die zwei dem Ösophagus aufliegenden Cerebralganglien sind wie überall als mächtigste nervöse Zentren entwickelt (Abb. 45). Sie stellen zwei länglich-ovoide Körper dar, die dorsoventral abgeplattet sind, und durch eine sehr kurze und ziemlich dicke Kommissur miteinander verbunden werden. Diese Cerebralkommissur setzt an der Unterseite des hinteren, spitzen Endes der beiden Ganglien breit an.

Im ungefärbten Zustand läßt sich bei *Caecilioides acicula* eine Gliederung der Cerebralganglien, wie sie für viele Pulmonaten nachgewiesen ist, nicht erkennen. Nach Färbung mit Alaunkarmin fällt ein dunkler vorderer Komplex auf, der außerordentlich reich an Ganglienzellen ist und auf der Ventralseite weniger weit nach hinten übergreift als dorsal.

Auf Schnitten ist zwischen diesem vorderen dunklen und dem helleren hinteren Abschnitt eine schmale Furche sichtbar, die jedes Cerebralganglion in eine größere Hinter- und eine kleinere Vorderhälfte trennt. An der vorderen Hälfte läßt sich noch ein kleiner seitlicher Bezirk von hellerer Farbe unterscheiden, der viel ärmer an Ganglienzellen ist und einen kleinen besonderen Lappen des Ganglions darstellt. Somit wäre eine Dreiteilung der Cerebralganglien vorhanden, die der von *Helix pomatia* bekannten Gliederung entsprechen dürfte. Der seitliche Lappen, der an der Spitze den großen Tentakelnerv (N. tentacularis) abgibt, würde dann das Protocerebrum darstellen; die an Ganglien reiche Vorderhälfte könnten wir als Meso- und den helleren hinteren Teil als Metacerebrum ansehen. Am Außenrand des hinteren Abschnittes entspringen

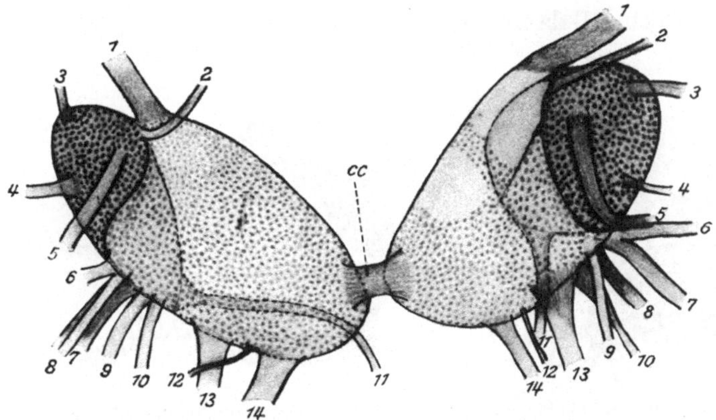

Abb. 45. Cerebralganglien (von unten gesehen). 135 × vergr.

als ziemlich dicke Stränge das Cerebro-Pedal- und das Cerebro-Pleuralkonnektiv. Zwischen beiden verläuft der Nervus staticus nach unten zur Statozyste, die den Pedalganglien aufliegt. Das vordere der beiden Konnektive ist die Cerebro-Pedalverbindung. Soweit ich feststellen konnte, treten bei *Caecilioides acicula* von jedem Cerebralganglion insgesamt 14 Stränge aus (Abb. 45, 1—14). Der Nerv 1 stellt den bereits genannten Nervus tentacularis dar, Nr. 12 den Acusticus. Nr. 11 möchte ich, — natürlich mit Vorbehalt —, als Subcerebralkommissur ansehen, da die Ursprungsstelle den Verhältnissen bei *Helix pomatia* entspricht. Diese Subcerebralkommissur, die stets an der Kopfarterie entlang nach unten und dann um den Ösophagus herumläuft, ist erst neuerdings bei einer größeren Anzahl von Lungenschnecken nachgewiesen worden. Sie ist bei *Helix* außerordentlich dünn und entspringt dort am Außenrand der Cerebralganglien zwischen dem Nervus labialis externus und dem Cerebropedalkonnektiv. Ich konnte zwar bei *Caecilioides acicula* den dünnen Strang, den ich für diese Kommissur ansehen möchte, wegen der geringen Größe des Objektes nicht auf seinem weiteren Verlauf verfolgen. Doch macht die Ursprungsstelle und die geringe Dicke des Stranges meine Annahme wahrscheinlich. Ursprünglich hielt man die zweite Cerebralkommissur für alleinigen Besitz einiger altertümlicher Formen. Nach neueren Arbeiten dürfte an ihrer weiteren, vielleicht allgemeinen Verbreitung kein Zweifel mehr sein, auch wenn sie für einige Formen noch geleugnet wird [1].

Das Cerebrobuccalkonnektiv habe ich nicht mit Sicherheit identifizieren können. Nach Abzug der drei Konnektive und der vermutlichen Subcerebralkommissur ergibt sich, daß aus jedem Cerebralganglion mindestens zehn Nerven austreten müssen. Von diesen konnten nur die beiden bereits genannten sicher erkannt werden. Einen unpaaren Nerv, der bei anderen Formen den Penis innerviert, habe ich nicht auffinden können. Doch soll damit seine Existenz durchaus nicht geleugnet werden.

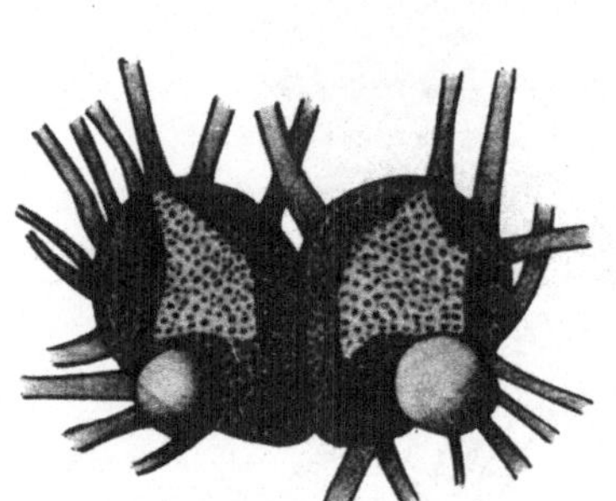

Abb. 46. Pedalganglien. 150 × vergr.

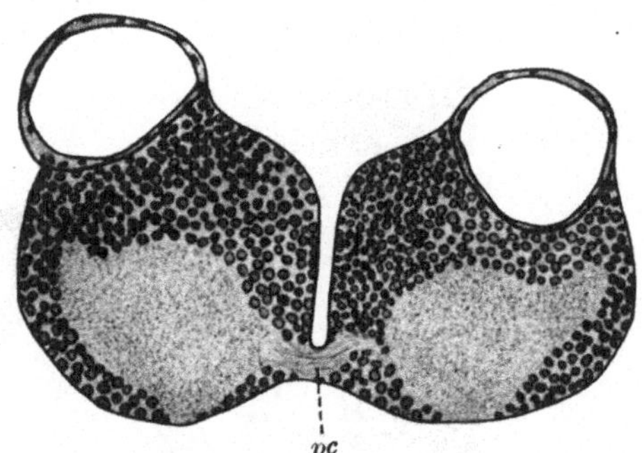

Abb. 47. Pedalganglien (quer). 270 × vergr.

Von dem ventral vom Ösophagus gelegenen Ganglienkomplex seien zuerst die Pedalganglien besprochen, die von den unteren Ganglien am weitesten vorn gelegen sind. Sie stellen zwei eng aneinanderliegende, rundlich-ovoide Körper dar und zeigen entgegen manchen anderen Stylommatophoren (*Helix pomatia, Amalia* usw.) keinerlei äußere Einkerbungen oder Gliederung (Abb. 46). Auf Schnitten sind die zwei für die Mehrzahl der Pulmonaten typischen Kommissuren sichtbar. Die vordere ist etwas dicker und mehr dem Oberrand der Ganglien genähert. Die schwächere hintere liegt mehr basal. Dorsal liegen den Pedalganglien am hinteren Außenrand die beiden bläschenförmigen Statozysten auf. Diese sind in zwei flache Gruben eingesenkt (Abb. 47). Die Ganglien selbst, die zahlreiche Nerven abgeben, sind mit einer ungleich dicken Schicht von Ganglienzellen rindenartig umgeben.

Von dem weiter nach hinten zu gelegenen Eingeweidekomplex (Abb. 48) liegen zu äußerst und stark asymmetrisch die beiden Pleural-

---

[1] Z. B. für *Stenogyra decollata* (83).

ganglien. Beide sind kleine länglich-runde Gebilde von ungefähr gleicher Gestalt und Größe. Bei *Stenogyra* dagegen ist das rechte Pleuralganglion bedeutend größer als das linke. An diesen zwei Ganglien konnte ich keine austretenden Nerven entdecken; bei *Helix pomatia* jedoch sind neuerdings solche nachgewiesen worden.

Während ich bei den Pleuralganglien, wie gesagt, keinen merklichen Größenunterschied feststellen konnte, ist das linke Parietalganglion bedeutend kleiner als das zum größten Teil mit dem Visceralganglien verschmolzene, entsprechende Ganglion der rechten Seite. An abgehenden Nerven konnte ich links nur einen feststellen, der mit dem von WILLE bei *Stenogyra* gefundenen identisch sein dürfte. Dieser innerviert dort

die linke Seite des Mantelwulstes und stellt somit wohl den Nervus pallialis sinister der *Helix pomatia* dar. Vom rechten Parietalganglion entspringen am Hinterrand zwei Stränge. WILLE fand bei *Stenogyra* nur einen, der die rechte Mantelhälfte versorgt. Dagegen treten bei *Helix pomatia* neben einem schwächeren zwei starke Nerven aus, der Nervus pallialis dexter externus und internus. Ihnen dürften die beiden von mir bei *Caecilioides acicula* gefundenen entsprechen.

Das unpaare Visceralganglion ist von dem rechten Pa-

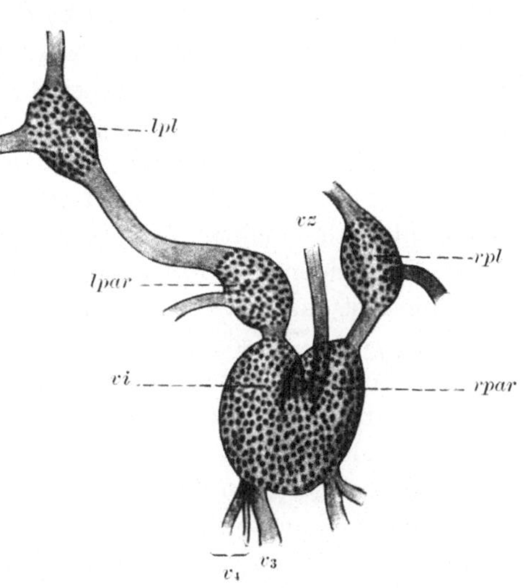

Abb. 48. Eingeweideganglien. 145 × vergr.

rietalganglion nur durch eine leichte Einkerbung am Vorderrand getrennt. Es ist ein wenig größer wie das Parietalganglion. Dagegen ist bei *Stenogyra* nach WILLEs Abbildung das Parietalganglion das größere der beiden. Trotz der weit vorgeschrittenen Verschmelzung dieser zwei Ganglien lassen sich bei *Caecilioides acicula* die aus jedem entspringenden Nerven deutlich unterscheiden. Die des rechten Parietalganglions sind bereits angeführt. Am Visceralganglion stellte ich ebenso wie WILLE (83, Textfig. 7) bei *Stenogyra* vier Nerven fest. Drei davon entspringen am Hinterrand, der vierte (*v* 2) weiter vorn an der Unterseite. WILLE fand, daß dieser (*v* 2) in der Gegend des Herzens mehrere Äste an den hinteren Teil der Lungenhöhle und die linke Körperwand abgibt. Von den zwei hinteren Nerven ist bei *Stenogyra* der mittlere dünne Strang nur ein Seitenast des linken (*v* 4). Bei *Caecilioides* konnte ich eine solche Gabelung von *v* 4 zwar nicht sicher feststellen, glaube aber trotzdem, daß sich diese Nerven bei beiden Schnecken entsprechen. Bei *Stenogyra* werden durch diese zwei Stränge Spermovidukt, Columellarmuskel, „Darm-, Leber, Magen und die hinteren Teile des Geschlechtsapparates" innerviert. Der letzte der drei Nerven des Hinterrandes (*v* 3) versorgt bei *Stenogyra* Teile der Lungenhöhle. Ich zweifle nicht daran, daß bei der prinzipiellen Übereinstimmung des Ursprunges der Nerven des Visceral- und Parietalganglions die von mir bei *Caecilioides* gefundenen mit denen der *Stenogyra* identisch sind auch hinsichtlich der Organe, die sie innervieren.

Es seien noch kurz die Konnektive des Schlundringes angeführt (Abb. 44). Vom Hinterrand der Cerebralganglien gehen zwei Paar breite Konnektive ab; mehr nach vorn zu die langen Cerebropedalkonnektive (*cpc*), etwas weiter hinten die Cerebropleuralkonnektive (*cpl*). Zwischen den Cerebropedal- und Cerebropleuralkonnektiven liegt als Statozystennerv der Nervus staticus[1] (*nst*). Durch die fast völlige Verschmelzung des rechten Parietalganglions mit dem Visceralganglion ist das rechte Pleuralganglion weit nach hinten gerückt. Infolgedessen ist das rechte Cerebropleuralkonnektiv fast doppelt so lang wie das entsprechende linke. Die beiden Pleuroparietalkonnektive verhalten sich umgekehrt. Von ihnen ist das linke (*lplpac*) fast doppelt so lang wie das sehr kurze rechte (*rppac*). Zwischen dem rechten Parietalganglion und dem Visceralganglion konnte ich kein eigentliches Konnektiv feststellen. Dagegen ist links ein, wenn auch sehr kurzes Parietovisceralkonnektiv (*pvc*) vorhanden.

Die Buccalganglien (Abb. 49), zwei kleine länglich-ovoide Gebilde, liegen dem Schlundkopf hinter dem Ursprung des Ösophagus auf, wie es

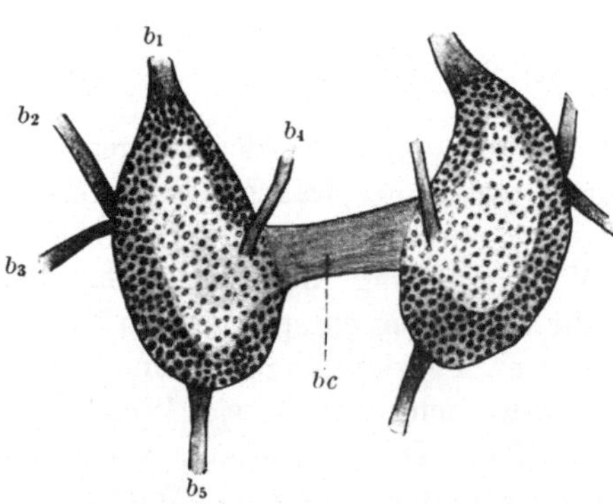

Abb. 49. Buccalganglien. 225 × vergr.

Abb. 21 zeigt. Ihre Lage ist die gleiche, wie bei *Stenogyra*. Gegenüber der *Helix pomatia* sind sie etwas weiter nach hinten gerückt. Unter sich ist dieses Ganglienpaar durch eine dicke Kommissur (*bc*) verbunden. Am Vorderrand entsendet jedes Buccalganglion einen starken Nerv (*b₁*), der unter der Einmündungsstelle des Speichelganges in den Schlundkopf eintritt. Außer diesen stellte ich noch vier weitere abgehende Stränge fest (*b₂, b₃, b₄, b₅*), die wohl wie bei anderen Formen Schlundkopf und Speicheldrüsen innervieren. Es ist mir nie ge

---

[1] In der Literatur wird er immer als N. acusticus bezeichnet. Ich nenne ihn mit H. HOFFMANN („Bronn") N. staticus.

lungen, die Buccalganglien im Zusammenhang mit den Cerebralganglien zu präparieren. Doch sind die Austrittsstellen der Stränge dieselben wie bei *Stenogyra decollata*. Dort ist nach WILLE der hintere von den zwei am vorderen Außenrand abgehenden Strängen das Cerebrobuccalkonnektiv. Ihm dürfte bei *Caecilioides* b_3 entsprechen.

Über den histologischen Aufbau des Zentralnervensystems der Stylommatophoren, speziell der Weinbergschnecke, liegen zahlreiche gründliche Untersuchungen vor. Bei der im allgemeinen vorgefundenen Übereinstimmung habe ich bei *Caecilioides acicula* eine genaue histologische Durcharbeitung des Nervensystems unterlassen. Wie aus den Abbildungen der Ganglien hervorgeht, auf denen die an Ganglienzellen reichen Bezirke dunkler gehalten sind, liegt sämtlichen Ganglien eine verhältnismäßig dicke Schicht von Ganglienzellen rindenartig auf. In diesem Belag konnte ich die bekannten zwei Zellformen unterscheiden, echte Ganglienzellen und daneben kleine chromatische Zellen mit chromatinreichem Kern. Die echten Ganglienzellen stellen in der Mehrzahl kleine Zellen mit rundlichem oder nierenförmigen Kern und wenig Plasma dar, oder treten als Riesenzellen mit doppelt bis dreifach so großem Kern unter den kleineren Ganglienzellen auf (Abb. 51 *rkg*). Das Innere der Ganglien ist erfüllt von den vielfach sich verflechtenden Fortsätzen der Ganglienzellen, der sogenannten „Punktsubstanz“. Innerhalb dieser konnte ich auch vereinzelte Kerne finden, die wahrscheinlich dem Stützgewebe, der Neuroglia, angehören.

Wenn anschließend die Sinnesorgane der *Caecilioides acicula* besprochen werden sollen, so muß man bedenken, daß diese augenlose Schnecke spezifische Sinnesorgane eigentlich nur für den statischen Sinn besitzt, nämlich die zwei Statozysten. Alle übrigen Sinne sind jedenfalls bei den augentragenden Stylommatophoren nicht streng lokalisiert. Vielmehr besitzt das gesamte Integument des aus dem Gehäuse hervorstreckbaren Fußes ebenso Tast- und Geruchsvermögen, wie es auch Licht- und Temperaturschwankungen wahrnehmen kann. Und wenn wir im Bereiche der Kopfregion besondere, zum Zwecke der Sinneswahrnehmung vorhandene Tentakel- und Lappenbildungen (Mundlappen) antreffen, so dürfen wir nicht vergessen, daß diese „Sinnesorgane“ eben lediglich Vorstülpungen der Körperwand mit eigener Muskulatur und eigenen nervösen Zentren darstellen und nur bevorzugter, aber durchaus nicht alleiniger Sitz bestimmter Sinnesfunktionen sind.

Wie weit ein besonderer Geschmacksinn entwickelt ist, entzieht sich zur Zeit noch unserer Kenntnis. Die gangliösen Anschwellungen zweier Nerven jedoch, die in die Unterseite des Pharynx eintreten, können eventuell als „Geschmacksganglien“ gedeutet werden (s. S. 424).

Es möge nun eine nähere Beschreibung der Tentakel und der Statozyste folgen. Die oberen Tentakel können sehr weit ausgestreckt werden und zeigen am distalen Ende nur eine leichte Anschwellung (Abb. 4). Zu einer knopfartigen Verdickung der Fühlerspitze, wie wir sie von allen augentragenden Stylommatophoren kennen, kommt es bei *Caecilioides* nicht.

Bereits Férussac (1807) war es aufgefallen, daß die *Caecilioides acicula* der Augen entbehrt. Denn es fehlt der für die augentragenden Formen sonst so charakteristische Pigmentfleck an der Fühlerspitze, der das bei dieser Gruppe der Gastropoden hochentwickelte Auge schon äußerlich erkennen läßt. Durch die anatomische Untersuchung fand ich bestätigt, daß es sich bei *Caecilioides acicula* nicht nur um eine Rückbildung, sondern um den völligen Verlust des Auges handelt. Die bogenförmige Einsenkung der distalen Endfläche des oberen Tentakels, in deren Mitte stets das Auge liegt, ist jedoch deutlich vorhanden.

Die „unteren" Tentakel sind von den „oberen" vor allem dadurch unterschieden, daß sie bedeutend kürzer und kaum halb so dick wie jene sind. Ferner fehlt ihnen die terminale Anschwellung, so daß sie äußerlich als kurzes, stummelartiges Gebilde von fast gleichmäßiger Stärke erscheinen.

Als nicht retraktiles, letztes Tentakelpaar müssen wir noch die Mundlappen erwähnen, deren anatomischer Aufbau durchaus dem der übrigen Tentakel entspricht.

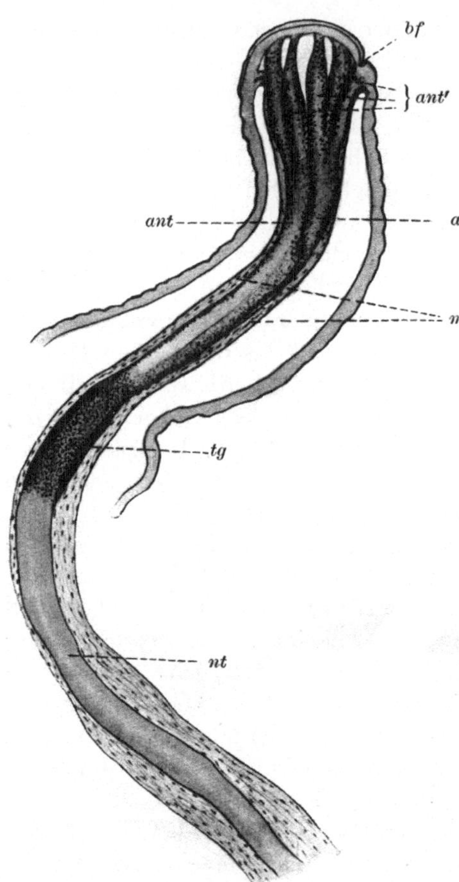

Abb. 50. Großer Tentakel (optischer Schnitt). 100 × vergr.

Die großen Tentakel (Abb. 50) werden innerviert von dem Nervus tentacularis. Dieser geht als stärkster aller Nerven aus dem kleinen vorderen Seitenlappen des Cerebralganglions (Protocerebrum?) hervor, tritt in seinem weiteren Verlauf in den schlauchförmigen Retraktormuskel des großen Tentakels ein und zieht so bis zur Fühlerspitze (vgl.

S. 378). Einen „stark geschlängelten Verlauf", wie ihn LEYDIG und MEISENHEIMER für *Helix pomatia* angeben, konnte ich selbst bei teilweise zurückgezogenem Tentakel nicht feststellen. Kurz nach dem Eintritt in den Tentakelschlauch schwillt der Nerv innerhalb des ihn umhüllenden Muskels (*mt*) zu einem länglichen Ganglion (*tg*) von mäßiger Dicke und wechselnder Größe an. Dieses Tentakelganglion wird ebenso wie die Ganglien des Schlundringes von einer dicken Rinde von Ganglienzellen umgeben. Unmittelbar hinter dem Ganglion spaltet sich der Tentakelnerv zuerst in drei, dann in vier Äste (*ant*), die eng aneinandergelegt, innerhalb des Retraktors nach oben verlaufen. Etwa im obersten Viertel des Tentakels löst sich jeder Strang in zahlreiche dünne Äste auf (Abb. 50 *ant'*). Dabei weisen auch die distalen Teile des Tentakelnerven vom Ganglion ab einen mehr oder weniger dicken Belag von Ganglienzellen auf. Die schwachen Nervenästchen divergieren innerhalb der terminalen leichten Anschwellung des Tentakels distal nach der sogenannten „Sinneskalotte", der kleinen gewölbten Kopffläche der Tentakel, und verjüngen sich etwas knapp vor ihrem Eintritt in die Tentakelwand. Dieser erfolgt in die Sinneskalotte unter Auffaserung der Nervenästchen.

Soweit wäre die Innervierung der Tentakel durchaus typisch. Auch bei *Helix* finden wir ein Tentakelganglion und eine ähnliche Aufspaltung des Nervus tentacularis. Nur mit dem Unterschied, daß dort das Ganglion mehr keulenförmig ist und viel weiter terminal, im Endknopf des Fühlers liegt, so daß die Nervenästchen, die ins Tentakelepithel eintreten, viel kürzer sind.

Ein tiefgreifender Unterschied zur Mehrzahl der Stylommatophoren entsteht jedoch durch das völlige Fehlen des Auges und des Nervus opticus bei *Caecilioides acicula*. Es handelt sich selbstverständlich um einen sekundären Verlust dieses optischen Sinnesapparates, bedingt durch die subterrane Lebensweise.

Der Aufbau der kleinen, unteren Tentakel und der Mundlappen gleicht, wie schon bemerkt, im wesentlichen dem der großen Tentakel. Der in die kleinen Tentakel eintretende Nerv stellt bei *Helix pomatia* einen schwächeren Ast des Nervus labialis medianus dar. Dieser (N. lab. med.) versorgt den Mundlappen. Auch in unserem Falle bilden der Nerv des kleinen Tentakels und der dicht neben ihm gelegene des Mundlappens zwei gleichstarke Äste ein und desselben Nerven. Dieser schwillt an der Abzweigungsstelle zu einem ähnlichen Ganglion an wie der Nervus tentacularis. Jeder der beiden Äste ist kurz vor dem terminalen Ende nochmals leicht gangliös verdickt und löst sich dann wie der Nervus tentacularis in zahlreiche Ästchen auf, die einen dichten Belag von Ganglienzellen tragen. Die gangliöse Anschwellung am terminalen Ende des unteren Nervenastes, die im Mundlappen liegt, stellt jedenfalls das lange Zeit verkannte „SEMPERsche Organ“ dar. Eine „Drüse“ (LEYDIG) oder „Drüsenballen“ (SOCHACZEWER, SIMROTH) habe ich an meinen Schnittserien von *Caecilioides acicula* nicht finden können. Mein Befund bestätigt die Auffassung, die ECKARDT von dem SEMPER- schen Organ gewann. ECKARDT ging nämlich der wechselvollen Geschichte dieses so oft mißdeuteten Organes nach und erkannte als erster das rätselhafte Organ als „Mundlappenganglion“, dem zumeist ein Drüsenkomplex, die „Mundlappendrüse“ (ECKARDT), aufliegt. Bei *Caecilioides acicula* ist diese Mundlappendrüse anscheinend nicht vorhanden.

In der Mitte des Schlundkopfes der *Caecilioides acicula* fand ich auf der Ventralseite regelmäßig ein weiteres Paar symmetrischer Ganglien, die ähnlich wie die der Tentakel einfach gangliöse Anschwellungen zweier Nerven darstellen. MEISENHEIMER schreibt vom Nervus labialis externus der Weinbergschnecke: „Nach innen verlaufend, mündet er schließlich in einem Ganglion, von dem Nervenfasern zur unteren Partie des Schlundes und in die Umgebung der Lippen ausstrahlen.“ Diese Beschreibung trifft auch auf das erwähnte Ganglienpaar der *Caecilioides* zu. Ich nehme deshalb an, daß auch hier die kleinen Ganglien dem Nervus labialis externus zugehören, zudem ich den betreffenden Nerven bis ins Cerebralganglion verfolgen konnte, wo er neben dem „Tentakel- Mundlappennerv“ entspringt. Auch MATTHES (49) gibt von *Helix pisana* fast wörtlich wie MEISENHEIMER ein Ganglion des Nervus labialis externus an. Von *Buliminus*, *Vitrina* und *Stenogyra* wird das Ganglion nicht erwähnt und SCHMALZ (60) weist bei *Helix pomatia* ausdrücklich darauf hin, daß er im Gegensatz zu MEISENHEIMER dieses Ganglion nicht beobachten konnte. Ebensowenig erwähnen es KUNZE (44) und BANG (5). Wenn MEISENHEIMER mit der Annahme recht hat, daß der Nervus labialis externus einen Geschmacksnerven darstellt, so könnten wir dieses paarige, subpharyngeale Ganglion als ein besonderes „Geschmackszentrum“ ansehen. Wahrscheinlich ist dieses Ganglion bei den Pulmonaten weiter verbreitet und bis jetzt nur meist übersehen.

Über die Statozyste der Pulmonaten sind wir durch neuere Untersuchungen gut unterrichtet. Aus den zahlreichen Mitteilungen ergibt sich eine weitgehende Übereinstimmung im Bau der Statozyste bei den verschiedenen Formen. Meine Befunde bei *Caecilioides acicula* bestätigen ebenfalls durchaus das Bekannte, indem sich keinerlei prinzipielle Abweichungen gegenüber anderen, z. B. der am besten untersuchten Statozyste von *Helix pomatia*, feststellen ließen. Die zwei Statozysten liegen als kuglige Bläschen von 35—40 μ Durchmesser in kleinen, seichten Vertiefungen den Pedalganglien dorsal am Hinterrand auf (Abb. 51). Äußerlich sind die Bläschen umschlossen von einer nur 1 μ dicken Bindegewebshülle (*bh*). Unter dieser liegt das ungefähr 3 μ dicke Epithel der

eigentlichen Statozystenwand (*e*). Die gesamte Wandstärke der Statozyste beträgt also nur 4 μ. Während bei *Helix pomatia* die Bindegewebsumhüllung 2—4 mal, bei *Arianta arbustorum* gar 5 mal so dick sein
kann wie das Wandepithel, macht das Bindegewebe in unserem Falle
nur $^1/_4$ der gesamten Wandstärke aus.

In dem Wandepithel lassen sich bei *Caecilioides* zwei Zellformen
feststellen, „Syncytialzellen" mit zahlreichen kleinen, länglich-runden
Kernen (*syk*), und dazwischen wenige „Riesenzellen" (*rk*). Da ich
deutliche Zellgrenzen nicht beobachtet habe, konnte ich die Riesenzellen
nur an den großen chromatinarmen, rundlichen Kernen mit deutlichem
Nukleolus erkennen. Die Abbildung, die MATTHES von den Riesenkernen aus der Statozyste der *Helix pisana* gibt (49, Abb. 27, S. 31),
stimmt völlig mit meinen Bildern überein, so daß ich auf eine eigne Abbildung verzichten kann. Die
Riesenkerne sind zweiseitig
abgeflacht, und erscheinen
daher im Schnitt langge-
streckt.

SCHMIDT (62), und nach
ihm auch MATTHES (49) und
ECKARDT (16), geben außer
den Syncytial- und Riesenzellen noch eine dritte Zellform an, die „Blasen"- oder
„Vakuolenzellen". Ich fand
bei *Caecilioides acicula* diese
dritte Art von Zellen ebensowenig wie sie WILLE bei *Steno-
gyra*, oder HOFFMANN bei Vaginuliden nachweisen konnten. PFEIL (57)
nimmt wohl ganz richtig an, daß die Vakuolen nicht zu einer besonderen
Zellform gehören, sondern „in allen Fällen den Riesenkernen zukommen".

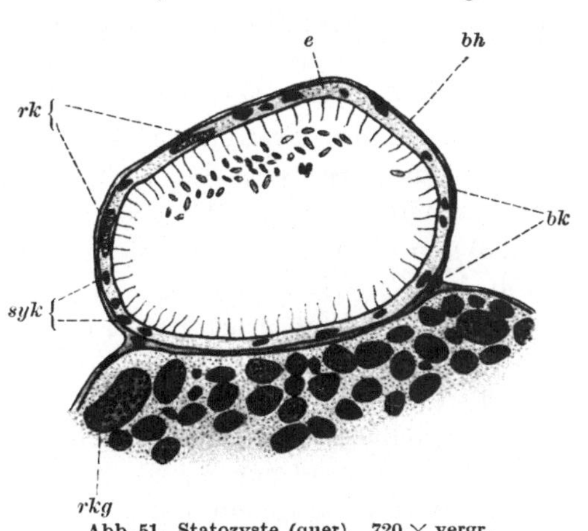

Abb. 51. Statozyste (quer). 720 × vergr.

Die beiden festgestellten Zellformen tragen wie überall Cilien, die
zwar sicher die Funktionen von Sinneshaaren haben, nach PFEILS
Untersuchungen an *Helix pomatia* aber „ihrer ganzen Natur nach echte
Wimpern" sind. Ihre Länge beträgt 5 μ, also mehr als das $1^1/_2$ fache
der Epithelstärke, ihre gegenseitige Entfernung 3 μ = ungefähr $^1/_2$ ihrer
eigenen Länge.

Im Inneren der mit Flüssigkeit erfüllten Statozyste liegen zahlreiche
sehr kleine elliptische Statolithen. Ich schätze ihre Zahl in jeder Statozyste auf 60—80 [1]. Ihre Größe kann ich nicht sicher angeben, da mir
nur entkalkte Präparate zur Verfügung standen. Doch scheint die or-

---

[1] SORDELLI (72) gibt nur 28—30 Statolithen an.

ganische Grundlage, die auf manchen Schnitten sehr gut erhalten blieb (Abb. 51), die natürliche Form und Größe wenigstens annähernd wiederzugeben. Auch Pfeil (57) beobachtete bei *Helix pomatia*, daß keine völlige Auflösung der Steinchen erfolgt, sondern „ein organisches Gerüst von der Größe der Statolithen" zurückbleibt. Nach meinen Messungen dieses organischen Rückstandes wären dann die einzelnen Statolithen der *Caecilioides acicula* nur $^3/_4$—1 μ lang, ihre Breite beträgt kaum $^1/_3$ ihrer Länge.

In einem Falle fand ich die Statolithen zu einer kugligen Masse zusammengeballt. Pfeil schreibt nach Beobachtungen an *Helix pomatia*, daß diese Zusammenballung bei alten Tieren eintreten soll.

Wenn wir andere Pulmonaten zum Vergleich heranziehen, so ergeben sich folgende interessante Tatsachen: *Caecilioides acicula* besitzt unter allen bisher untersuchten Pulmonaten die kleinste Statozyste und die winzigsten Statolithen. Die Statozyste unserer kleinsten einheimischen Buliminide, der *Ena obscura* Müll., hat mit 115 μ fast den dreifachen Durchmesser; ihre Statolithen sind nur wenig größer, nämlich 1,2 μ. Bei *Planorbis corneus* ist das Verhältnis von Statolithenlänge (30 μ) zu Statozystendurchmesser (110 μ) = etwa 1:4; bei *Helix pomatia* 40 μ zu 200 μ = etwa 1:5, bei *Buliminus obscurus* 1,2 μ : 115 μ = etwa 1:100, bei *Caecilioides acicula* etwa 1:40.

Die Zahl der Statolithen ist bei *Caecilioides* auffallend gering. *Arion empiricorum* besitzt über doppelt so viel (150—200), *Arianta arbustorum* mehr als die 3fache (200—230), *Helix pomatia* die 4fache Anzahl, und bei manchen Basommatophoren (*Planorbis corneus*, *Limnea stagnalis*) enthält jede Statozyste gar die 8—10fache Zahl von Statolithen.

Die Beschäftigung mit einer augenlosen Lungenschnecke wie der *Caecilioides acicula*, fordert geradezu zu einer Untersuchung der Sinnesphysiologie heraus. Und ich muß bedauern, daß ich diesem Verlangen nicht gründlicher nachkommen konnte. Naturgemäß können die Ergebnisse meiner sinnesphysiologischen Versuche nichts Abgeschlossenes, Endgültiges darstellen, sondern müssen noch durch fernere Untersuchungen auf eine breitere Basis gestellt werden. Ich beschränke mich deshalb auf eine kurze Mitteilung meiner Beobachtungen, ohne mich weiter auf theoretische Erörterungen einzulassen [1].

Über das Sinnesvermögen der Gastropoden sind wir bis jetzt nur sehr ungleichmaßig unterrichtet. Wenn uns auch die gründlichen Untersuchungen v. Buddenbrocks (12) trefflichen Aufschluß gegeben haben. über die Lichtreaktion der Heliciden, und uns andere Arbeiten über

---

[1] Ein Teil der sinnesphysiologischen Ergebnisse wurde bereits vor Abschluß vorliegender Untersuchung Herrn Dr. H. Hoffmann-Jena für die Bearbeitung des physiologischen Teiles von Bronns Klassen und Ordnungen des Tierreichs (III. Bd. Mollusca, 2. Buch) zur Verfügung gestellt.

den Geruchsinn vor allem der Weinbergschnecke orientieren, so liegen über weite Gebiete der Sinnesphysiologie unserer Pulmonaten noch keinerlei Untersuchungen vor. Und auch das Gebiet des Geruchs- und Lichtsinnes liegt noch auf großen Strecken brach. So lassen z. B. planmäßige Versuche über das optische Verhalten der kleinen Stylommatophoren, die sich vorwiegend im Dunkeln aufhalten (Pupilliden usw.), noch interessante Ergebnisse erwarten.

Zur optischen Raumorientierung dient bei den augentragenden Heliciden nach v. BUDDENBROCK „in erster Linie, vielleicht ausschließlich" das Auge. Bei der augenlosen *Caecilioides* kommt dieser Orientierungsfaktor in Wegfall. Nun ist zwar bei dieser ebenso wie auch bei augentragenden Schnecken ein Hautlichtsinn entwickelt. Ob dieser aber bei der Orientierung im Raum eine größere Rolle spielt, ist nach v. BUDDENBROCK, wenigstens für die augentragenden Formen, mehr als fraglich. Und ich glaube auf Grund meiner Beobachtungen, daß der Hautlichtsinn auch bei *Caecilioides* für die Raumorientierung im großen ganzen kaum in Frage kommt. Jedenfalls habe ich mich am kriechenden Tier überzeugt, daß hier in erster Linie der sehr hoch entwickelte *Tastsinn*, ferner der *Geruchsinn* und schließlich wohl noch der *Wärmesinn* für die Orientierung im Raum bedeutsam sind.

Die kriechende *Caecilioides acicula* „arbeitet" andauernd mit sämtlichen Tentakeln. Die Mundlappen samt den kurzen unteren Tentakeln berühren ständig die Unterlage in der nächsten Nähe des Mundes; und die weitausgestreckten oberen „Fühler" tasten fortwährend die Umgebung ab, wobei stets das Substrat oder im Wege liegende Gegenstände mit der Tentakelspitze berührt werden. Nach jeder Berührung wird der betreffende Tentakel völlig oder teilweise eingezogen und gleich wieder ausgestreckt. Die Bewegung der Fühler beim Abtasten geschieht unabhängig voneinander. Es kann z. B. plötzlich der große Tentakel der rechten Seite völlig gestreckt schräg nach außen abgesenkt werden, bis seine Spitze den Boden berührt, während der linke „normal" schräg nach oben zeigt (Abb. 52). Oder es wird ein Tentakel unter starker Krümmung schräg seitlich nach unten abgebogen (Abb. 53) usw. Am merkwür-

Abb. 52. Tastende *Caecilioides* von vorn gesehen (Tentakel gestreckt).

Abb. 53. Tastende *Caecilioides* von der Seite gesehen (l. Tentakel gekrümmt).

digsten ist das Verhalten der *Caecilioides* am steilen Rande einer kleinen Vertiefung in der Unterlage, z. B. an einem größeren Fraßloch, das von den Tieren in vorgelegte Gurkenscheiben genagt worden ist. Gelangt eine schnellkriechende Schnecke an den Rand einer solchen Vertiefung, und haben die Mundlappen den „Abgrund" festgestellt, so werden sehr plötzlich beide große Tentakel gleichzeitig weit vorgestreckt und hörnerartig nach unten abgebogen, um die steile Wand der kleinen Grube abzutasten. In einem beobachteten Falle sprang der Oberrand des Loches etwas über, so daß die Tentakel sehr weit nach unten hätten abgebogen werden müssen, um die Wand zu erreichen (Abb. 54). Als infolgedessen die Wand nicht berührt werden konnte, wurden die Tentakel ebenso schnell wieder eingezogen wie sie vorgestreckt und abgebogen worden waren. Nach

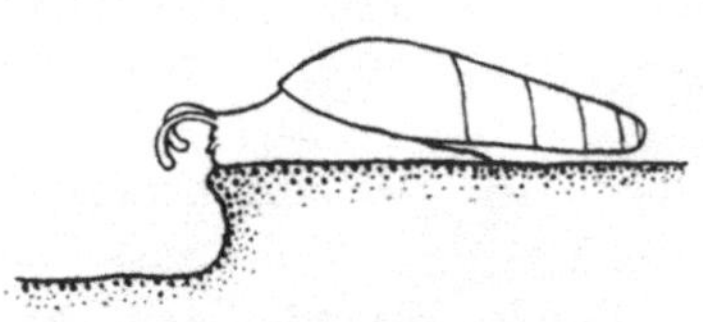

Abb. 54. *Caecilioides* am Rand einer Vertiefung.

einigen Augenblicken jedoch wiederholte die Schnecke den Versuch. Diesmal mit Erfolg; und nun begann das Tier vorsichtig an der steilen Wand der Grube abwärts zu kriechen, dabei andauernd mit den kleinen Teatakeln die Umgebung des Mundes abtastend.

Interessant sind sowohl das dauernde „Tasten" der oberen Fühler, wie auch deren oft sonderbare Verbiegungen während der Lokomotion. Bei den größeren Heliciden werden in der Regel die Ommatophoren während des Kriechens mehr „witternd" wie tastend verwendet, d. h. die betreffenden Schnecken berühren mit ihnen nur selten die Unterlage, indem zumeist der Tentakelknopf, also das Auge, in die nächste Nähe des Substrates oder im Wege liegender Gegenstände gebracht wird, ohne daß es zu einer Berührung kommt.

Verbiegungen der großen Tentakel, wie sie oben von *Caecilioides* beschrieben wurden, kann man normalerweise an der Weinbergschnecke und anderen Heliciden kaum beobachten. Doch erfolgt nach FRANZ (23) eine leichte Abkrümmung des Fühlers, wenn dieser seitlich mit einem dünnen Glasstab berührt wird. „Abnorme" Krümmungen der Tentakel lassen sich bei *Helix pomatia* nach YUNG leicht herbeiführen durch Reizung mit starkriechenden Stoffen. Wir werden darauf zurückkommen bei Besprechung des Geruchsinnes.

Als weiterer wichtiger Orientierungsfaktor, der vor allem beim Auffinden der Nahrung eine Rolle spielt, wäre der *Geruchsinn* zu nennen.

Um den Geruchsinn der *Caecilioides acicula* zu prüfen, bediente ich mich einerseits des Extraktes von Kirschen, Pflaumen, Birnen, Äpfeln, Bananen, Möhren, Kartoffeln und des Pfifferlings (*Cantharellus cibarius*). Der Extrakt wurde durch Auspressen gewonnen. Ferner legte ich den Versuchstieren diese Früchte, bzw. den Pilz in kleinen Stückchen vor. Zur Erzeugung sehr intensiver Gerüche wurden ätherische Öle verwendet, nämlich Nelkenöl (chemisch rein), Bergamottöl, Terpentinöl und eine Mischung von Wintergrünöl-Benzylbenzoat (5 : 3), da reines Wintergrünöl nicht zur Verfügung stand.

Sowohl die Extrakte wie auch die Öle wurden den kriechenden Tieren in bestimmten Entfernungen mittels feinausgezogener Glaskapillare vorgehalten. Nur anfangs wurde in wenigen Versuchen statt der Kapillare eine Präpariernadel verwendet, die in die betreffenden Flüssigkeiten eingetaucht und dann vorgehalten wurde. Die etwa $^1/_4$ ccm großen Stücke der Früchte und des Pilzes wurden in der Mitte einer flachen, mit Erde halb gefüllten Petrischale gelegt und dann mehrere Tiere in etwa gleicher Entfernung von der Reizquelle im Kreise über die Schale verteilt. In gleicher Weise wurden auch Petrischalenversuche mit den oben genannten Ölen angestellt, indem eine gefüllte kurze Kapillare im Schalenmittelpunkt soweit senkrecht in die Erde gesteckt wurde, bis sie noch etwa $^1/_2$ cm darüber hervorragte. Die Kapillarenversuche sollten Aufschluß geben über die Reizempfindlichkeit und entsprechende Reaktionen; die Versuche mit der Petrischale dagegen wurden angestellt, um zu prüfen, ob die Tiere die Richtung des Reizes wahrzunehmen vermögen, ob also der Geruchsinn an der Raumorientierung beteiligt ist.

Die Reaktion der Schnecken auf die Geruchsreize war verschieden, je nachdem, ob der Geruch von ätherischen Ölen oder von den erwähnten Extrakten ausging. Die Öle wurden durchweg, und zum Teil auf Entfernungen von mehreren Zentimetern, als unangenehme Reize empfunden. Ihnen versuchten die Tiere zu entgehen durch schnelles Zurückziehen der Tentakel, durch Abwenden des Kopfes, und durch Fortkriechen in entgegengesetzter Richtung oder gar durch Rückzug ins Gehäuse (Abb. 55—57)[1]. Ähnlich war das Verhalten gegenüber Bananenextrakt, nur weniger schreckhaft. Kartoffel- und Möhrensaft gegenüber konnte ich keine deutliche Reaktion feststellen, höchstens in wenigen Fällen ein leichtes Vorstrecken der Tentakel nach der Reizquelle hin. Teilweise wurde sogar die Kapillare von den vorbeikommenden Schnecken mit den großen Tentakeln betastet, ohne daß die Tiere besondere Notiz davon nahmen. Die vorgehaltene Kapillare wurde wohl mehr als Hindernis umgangen, statt als Reizquelle empfunden. Anders war es bei Pfifferlingextrakt und dem Saft der Kirsche und Birne. In diesen Fällen beobachtete ich, daß die Versuchstiere deutlich den Kopf nach der in $^1/_2$—1 cm Entfernung gehaltenen Kapillare hinwendeten und anschließend auf diese zukrochen. Durch den Pilzextrakt konnten sogar Versuchstiere, die sich ganz oder teilweise ins Gehäuse zurückgezogen hatten, zum vollen Ausstrecken des Fußes gebracht werden, wenn die Kapillare vor die Gehäusemündung gehalten wurde. Auch bei einem kleinen Stückchen überreifer Pflaume, das auf einer Kapillare aufgespießt, seitlich von der Kriechrichtung in 1 cm Entfernung einem

---

[1] Die mit dem Riechstoff gefüllte Kapillare ist in den Abbildungen 55—60 durch einen schwarzen Punkt dargestellt.

Tiere vorgehalten wurde, war die positive Reaktion sehr deutlich. Das Tier änderte die Kriechrichtung ab, kroch auf die Pflaume zu und begann nun nach vorhergehender Betastung die Frucht „abzulecken" bzw. zu fressen. Kiefer und Radula wurden dabei weit vorgestreckt und waren in lebhafter Tätigkeit. In dieser Situation wurde der Schnecke noch eine zweite Kapillare mit Bergamottöl vorgehalten, was ein sofortiges Abwenden und Fortkriechen zur Folge hatte.

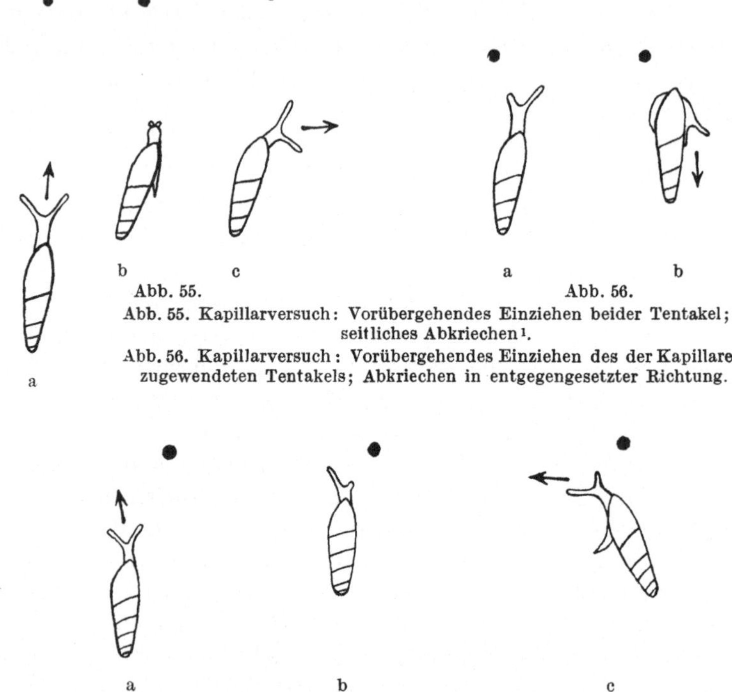

Abb. 55.   Abb. 56.

Abb. 55. Kapillarversuch: Vorübergehendes Einziehen beider Tentakel;
seitliches Abkriechen[1].

Abb. 56. Kapillarversuch: Vorübergehendes Einziehen des der Kapillare
zugewendeten Tentakels; Abkriechen in entgegengesetzter Richtung.

Abb. 57. Kapillarversuch: Vorübergehendes Einziehen des der Kapillare zugewendeten Tentakels;
Abkriechen in seitlicher Rlchtung.

Zum Vergleich wurden dieselben Versuche mit *Helix pomatia* und *Cepaea nemoralis* angestellt. Den kriechenden Schnecken wurden genau wie bei den Versuchen mit *Caecilioides* Kapillaren mit Nelkenöl und Wintergrünöl-Benzylbenzoat vorgehalten. Die Reaktion der Heliciden war im wesentlichen dieselbe, nur bedeutend schwächer. Während *Caecilioides* bereits auf Entfernungen von 20—25 mm, bei Nelkenöl und Wintergrünöl-Benzylbenzoat schon auf Entfernungen von 15 mm deutlich reagierte, zogen die Heliciden die kleinen Tentakel erst bei 4 mm, die großen Tentakel gar erst bei 1—2 mm Entfernung von der Kapillare ein. Wurde die Kapillare seitlich in die Nähe der großen Tentakel gebracht, so

[1] In Fig. 55—57 geben die Pfeile die Kriechrichtung an.

konnten bei ganz geringen Entfernungen starke Verbiegungen der Tentakel beobachtet werden, wie sie schon Yung (87) von seinen Versuchen beschreibt.

Ferner konnte ich mich ebenso wie Yung überzeugen, daß bei den Heliciden der Geruchsinn wie auch der später zu beschreibende Lichtsinn nicht auf die Tentakel lokalisiert ist. Wurde z. B. bei der Weinbergschnecke die Kapillare dem Fuß dorsal oder seitlich genähert, so erfolgte an den betreffenden Stellen eine starke „Einbeulung" der Körperwand, hervorgerufen durch Kontraktion der unter der Reizstelle gelegenen Teile des Hautmuskelschlauches. Meine Beobachtungen stimmen ganz mit den von Yung gegebenen Abbildungen überein. Ähnliche Versuche an *Caecilioides* sind wegen der Kleinheit des Tieres schwer auszuführen. Doch dürften allem Anschein nach dort die gleichen Verhältnisse herrschen.

Bei den „Witterungs"-Versuchen in der Petrischale wurden die Tiere gewöhnlich in etwa 4 cm Entfernung von der Reizquelle gebracht. Niemals verhielten sich alle Tiere gleichartig gegenüber den Geruchsreizen. Bei Bergamottöl krochen in dem einen Falle die zwei Versuchstiere auf die Kapillare zu. Erst in $^1/_2$ cm Entfernung änderte die eine Schnecke nach vorübergehendem Einziehen des der Reiz-

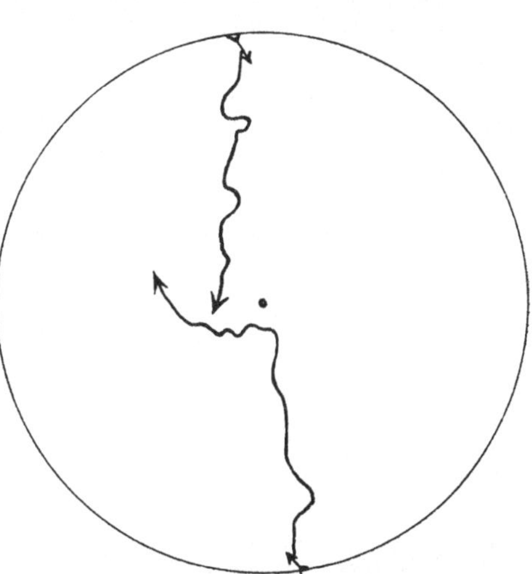

Abb. 58. Petrischalenversuch: Bergamottöl.

quelle zugewendeten großen Tentakels die Kriechrichtung ab, um aus dem Bereich des Reizes herauszukommen. Das zweite Tier kroch in etwa 1 cm Entfernung an der Kapillare vorbei, ohne die Kriechrichtung merklich abzuändern. Ganz ähnlich war das Verhalten der Tiere, wenn das Bergamottöl durch Terpentinöl oder Nelkenöl ersetzt wurde (Abb. 58—60) [1].

Als Ergebnis dieser Petrischalenversuche mit ätherischen Ölen stellte ich fest, daß die Schnecken die Öle auf die Entfernung von 4 cm wittern und nach dem verhältnismäßig schwachen Reiz hinkriechen. In geringerer Entfernung wird dann der Reiz so stark, daß die Tiere sich abwenden und die Reizquelle fliehen.

Die wenigen Witterungsversuche, bei denen den Schnecken Möhre, Kartoffel, kleine Pilzstückchen usw. vorgelegt wurden, reichen nicht

---

[1] In Abb. 58—60 gibt ↑ die Gehäuselage der zurückgezogenen Versuchstiere bei Beginn des Versuches an. Die Pfeilspitze entspricht der Gehäusemündung.

aus, um irgendwelche Schlüsse daraus zu ziehen. Leider konnten die Versuche wegen Mangel an Tieren nicht in größerem Umfange durchgeführt werden.

Um zu zeigen, wie sich die Schnecken den einzelnen Reizstoffen gegenüber verhalten, seien einige Versuchsprotokolle angeführt[1].

1. Nelkenöl (chemisch rein); Tier 1: Spitze der Kapillare in Kriechrichtung 4 mm vor das kriechende Tier gebracht. Der der Kapillare zugewendete große Tentakel wird fast sofort, der andere kurz nachher vollständig eingezogen. Nach Wegnahme der Kapillare beide sofort wieder ausgestülpt und nach nochmals erfolgter Näherung der Kapillare sofort wieder zurückgezogen. Dabei Abwenden des Kopfes, seitliche

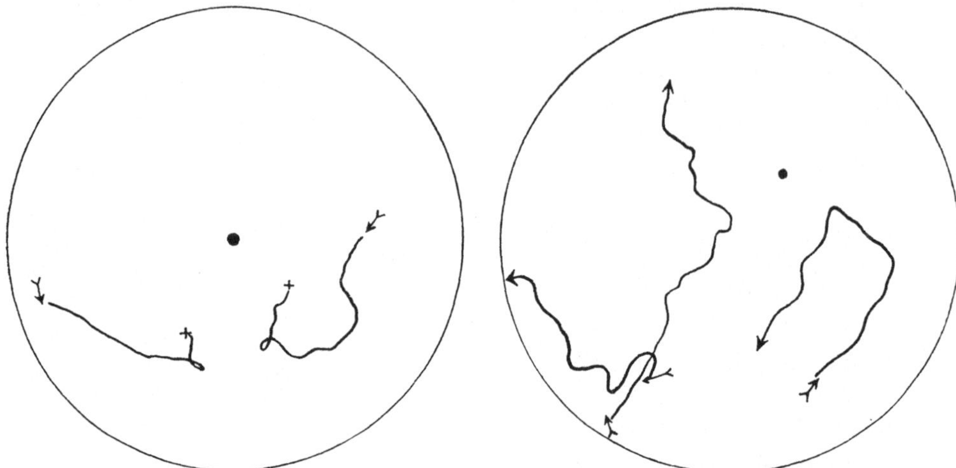

Abb. 59. Petrischalenversuch: Terpentinöl. (Bei + Rückzug ins Gehäuse.)

Abb. 60. Petrischalenversuch: Terpentinöl.

Änderung der Kriechrichtung. Wird die Kapillare nicht entfernt, so werden nach kurzer Zeit die Tentakel wieder vorsichtig teilweise ausgestreckt und stets wieder schnell zurückgezogen. Bei Näherung der Kapillare auf 1—2 mm völliges Einziehen des Vorderfußes.

Tier 2: Äbänderung der Kriechrichtung bereits auf 12 mm Entfernung. Das Tier kriecht in entgegengesetzter Richtung ab.

Tier 3: Bei 2 cm Entfernung Einziehen der Tentakel und dann des Kopfes.

Tier 4: Bei $2^1/_2$ cm Entfernung nach 45 Sekunden Abänderung der Kriechrichtung nach vorübergehendem Einziehen der Tentakel. Nach längerer und oft hintereinander wiederholter Reizung desselben Tieres erfolgt die Reaktion langsamer; auf 2 mm Entfernung werden die großen Tentakel schließlich erst nach mehreren Sekunden eingezogen.

---

[1] Die Versuche wurden im Juni und Juli 1926 angestellt.

2. Wintergrünöl-Benzylbenzoat. Einziehen der Fühler und seitliches Abkriechen genau wie bei Nelkenöl.

	Entfernung der Reizquelle in mm	Reaktionszeit in Sekunden
Tier 1	15	12
„ 2	5	9
„ 3	5	3
„ 4	5	6
„ 5	4	2
„ 6	3	2,5
„ 7	3	2,2

Wie die Tabelle zeigt, schwankte die Reaktionszeit der 7 Tiere.

3. Bergamottöl. Bei Entfernungen von 12,5, 10 und 7,5 mm sehr schreckhaftes, plötzliches Einziehen der Tentakel und des Kopfes; Abwenden und Fortkriechen in entgegengesetzter Richtung.

4. Im folgenden Versuch wurde dem kriechenden Tier statt der Kapillare eine mit der Spitze in Nelkenöl eingetauchte Präpariernadel vorgehalten. Die Reaktion war dieselbe wie bei den übrigen Versuchen.

Entfernung der Reizquelle in mm	Reaktionszeit [1] in Sekunden
10	6
5	1
20	10

Nach Reinigen und Ausglühen der Nadel wird diese wie ein sonstiges, im Weg liegendes Hindernis berührt und dann umgangen.

5. Pfifferlingextrakt. Kapillare 5 mm vor das kriechende Tier gehalten: keine Reaktion. Kriechrichtung erst geändert nach Berührung der Kapillare mit großen Tentakeln. Ein Tier kroch neben der Kapillare vorbei, ohne deutliche Reaktionszeichen. Retrahierte Tiere, die nur die $3/4$ eingezogenen Tentakel aus dem Gehäuse vorstreckten, sofort völlig ausgestreckt nach Vorhalten der Kapillare (5 mm Entfernung); ein Tier, das völlig ins Gehäuse zurückgezogen war, kam nach 18 Sekunden heraus unter weitem Vorstrecken der großen Tentakel. Die durch den Pilzextrakt zum Ausstrecken des Fußes und der Tentakel veranlaßten Tiere wenden den Kopf der Reizquelle zu und ändern die Kriechrichtung nach dieser hin ab. Wird die Kapillare auf die andere Seite gehalten, so wendet sich das Tier wieder nach dieser hin. Die Richtung des Geruchsreizes wird also gut wahrgenommen. Nach Berührung der

---

[1] Diese Angaben beziehen sich auf ein und dasselbe Tier.

Kapillare keine besondere Reaktion, nur leichtes Einziehen und Ausstrecken der Tentakel wie bei jedem anderen Hindernis.

6. Bananenextrakt. Reaktion ähnlich wie bei ätherischen Ölen, nur
weniger schreckhaft. Abwenden unter·Einziehen der Tentakel.

7. Birnensaft. Ähnliches Verhalten wie Pilzextrakt gegenüber; ebenso
bei Kirschextrakt.

8. Auf Kartoffel- und Möhrensaft keine besondere Reaktion.

Zusammenfassend können wir als Ergebnis der Versuche feststellen,
daß *Caecilioides acicula* über ein sehr feinentwickeltes Geruchsvermögen
verfügt und viel empfindlicher auf Geruchsreize reagiert wie die Weinbergschnecke und andere größere Heliciden. Auch die Richtung der
Geruchsreize wird von ihr gut wahrgenommen. Auf schwächere Gerüche
kriecht das Tier zu, stärkeren Reizen versucht die Schnecke durch Einziehen der Tentakel und durch Abänderung der Kriechrichtung oder
auch durch Rückzug ins Gehäuse zu entgehen.

Um das **optische Verhalten** der *Caecilioides acicula* zu prüfen, wurden
folgende Versuche angestellt (im Dezember 1926): vier erwachsene Schnek-
ken wurden in einer flachen Petrischale, die wie bei den erwähnten
Riechversuchen zur Hälfte mit festangedrückter Erde gefüllt war, in
der verdunkelten Zimmerecke diffusem Tageslicht ausgesetzt. Nach
etwa 20 Minuten wurden die Tiere mittels einer Zeißschen Mikroskopier-
lampe plötzlich grell beleuchtet. Um die Wärmestrahlen unwirksam
zu machen, wurde der Lichtstrahl durch eine mit Alaunlösung gefüllte
Kühlküvette geschickt [1]. Die Schnecken zeigten nach einer Latenzzeit
von etwa 1 Sekunde die zuerst durch v. BUDDENBROCK beobachtete
Aufbäumebewegung, d. h., der Vorderkörper wurde steil aufgerichtet
und zurückgebogen, während die großen Tentakel suchende Bewegungen
ausführten.

Als nach einer Viertelstunde der Versuch wiederholt wurde, zeigten
dieselben Versuchstiere keine Reaktion. Ebensowenig reagierten sie
auf eine weitere Wiederholung nach 4 Stunden. Nachdem die Schnecken
anschließend an den letzten Belichtungsversuch 30 Minuten lang grell
beleuchtet worden waren, wurden sie plötzlich beschattet, ohne daß
eine sichtbare Reaktion beobachtet werden konnte.

v. BUDDENBROCK (12), und nach ihm auch FRANZ (23), haben an
augentragenden Stylommatophoren die Aufbäumebewegung bei plötzlicher Beschattung beobachtet. Interessant ist es deshalb in dem Falle
der *Caecilioides acicula*, daß das gemeinsam von mir und einem anderen,

---

[1] Während der Versuche blieb die Petrischale mit einer dünnen Glasscheibe
bedeckt, um äußere Einflüsse auszuschalten; denn die Tiere sind gegen geringste
Luftbewegungen außerordentlich empfindlich.

zufällig anwesenden Kollegen beobachtete Aufbäumen bei plötzlicher Belichtung nach vorausgegangener Beschattung eintrat. Die subterrane Lebensweise der *Caecilioides acicula* macht es verständlich, daß hier nicht die Beschattung, sondern die Belichtung den Aufbäumereflex auslöst.

Viel ausgeprägter als auf Lichtreize reagiert die *Caecilioides acicula* auf *Temperatur*schwankungen, wie zahlreiche Thermokauterversuche ergaben. Bei diesen Versuchen wurde den Schnecken die durch elektrischen Strom erhitzte Platinnadel des Thermokauters in 1—4 cm Entfernung und etwa $1/2$ cm Höhe vorgehalten und dann mit der Stoppuhr die Zeit gemessen, innerhalb welcher das Tier darauf reagierte. Die Art der Reaktion selbst wurde zum Teil mit dem Binokular beobachtet. Um störende Lichtreize auszuschalten, wurde bei der Mehrzahl der Versuche ein Glühendwerden der Nadel durch fortgesetzte Stromunterbrechung vermieden und die Nadel nur stark erhitzt. Die Schnecken reagieren auf den Wärmereiz anfangs durch Rückziehen der Tentakel; dann wird der Kopf abgewendet, die Tentakel werden wieder ausgestreckt und die Schnecke kriecht in einer der Reizquelle abgewendeten Richtung fort. Die Zeit, innerhalb welcher auf den Reiz reagiert wird, ist ebenso wie beim Geruchsinn individuell verschieden. Wird der Versuch kurz hintereinander bei ein und demselben Tier mehrmals wiederholt, so ist bereits die 2- bis 3fache Zeit, also ein bedeutend stärkerer Reiz nötig, um eine deutliche Reaktion hervorzurufen.

Wenn ein Tier dem Wärmereiz zu lange ausgesetzt wird, so reagiert des durch völligen Rückzug ins Gehäuse und streckt oft erst nach mehr als einer Viertelstunde den Fuß wieder hervor. Interessant ist es, daß bei einem Versuch, in dem einer *Caecilioides* eine glühende Nadel in 3 cm Entfernung vorgehalten wurde, nach $22 1/2$ Sekunden die oben beschriebene Aufbäumebewegung beobachtet wurde, die sonst nach plötzlicher Belichtung eintritt. Das Tier hatte in diesem Falle bereits nach $5 1/2$ Sekunden durch Abbiegen des Kopfes auf den thermischen Reiz reagiert; die Reizquelle war aber nach dieser Reaktion nicht entfernt worden. Da das Tier vorher dauernd unter einer Rubinglasglocke gehalten worden war und der Versuch im diffusen Tageslichte vorgenommen wurde, möchte ich annehmen, daß die erfolgte Aufbäumebewegung auch hier eine Reaktion auf den von der glühenden Nadelspitze ausgehenden Lichtreiz darstellte. Denn bei gleichen Versuchen mit nichtglühender Nadel trat diese Reaktion nicht ein.

Im folgenden seien einige Protokolle der Thermokauterversuche wiedergegeben [1].

---

[1] Sind mehrere Versuche an ein und demselben Tier vorgenommen, so sind diese durch a und b bezeichnet.

Versuche mit nichtglühender Nadel[1]. November/Dezember 1926.

Versuch Nr.	Entfernung in cm	Reaktionszeit in Sekunden	Reaktion
1 a	1	2,25	Abwenden.
1 b	1	7,25	Zurückziehen; bleibt im Gehäuse.
2	1,5	12,00	Zurückziehen der Tentakel, leichtes Abwenden des Kopfes.
3	0,75	10,00	Völliges Rückziehen, bleibt im Gehäuse.
4	1,5	25,00	Abwenden.
5	1,5	9,50	Einziehen des rechten Tentakels, Rückziehen ins Gehäuse.
6	1,0	18,00	Wie Nr. 2.

NB. In 1 b und 2 b wurde die Nadel erst nach völligem Rückzug der Tiere ins Gehäuse entfernt.

Versuche mit glühender Nadel[1].

Versuch Nr.	Entfernung in cm	Reaktionszeit in Sekunden	Reaktion
7	1,0	4,00	Rückziehen der großen Tentakel und des Kopfes.
8	1,0	4,00	
9	1,0	4,00	
10	2,5	13,00	Abbiegen des Kopfes, Fortkriechen in einer der Nadel abgewendeten Richtung.
11	4,0	2,50	
12a	3,0	4,00	
12b	1,5	20,00	Rückzug ins Gehäuse.
13	1,0	8,50	
14a	1,5	5,50	Abbiegen des Kopfes, Fortkriechen.
14b	1,5	22,00	Aufbäumebewegungen.

Die Temperaturerhöhung, die der Thermokauter hervorrief, war sehr gering. Sie betrug:

$$\text{In 1 cm Entfernung nach } 4 \text{ Sekunden } {}^2/_{10}{}^0 \text{ C,}$$
$$\text{,, 2 ,, \quad ,, \quad ,, \quad 8 \quad ,, \quad {}^2/_{10}{}^0 \text{ C,}}$$
$$\text{,, 4 ,, \quad ,, \quad ,, \quad 22 \quad ,, \quad {}^2/_{10}{}^0 \text{ C.}}$$

Sehr fein ist auch die Reaktion der *Caecilioides* auf Luftströmungen. Wird z. B. der Deckel des Zuchtgefäßes vorsichtig abgenommen, so ziehen sämtliche kriechende Tiere plötzlich die Tentakel oder gar den gesamten Fuß zurück. Diese Rückzugsbewegungen erfolgen sicher als Reaktion auf die kleine Temperaturschwankung, die durch den geringen Luftzug hervorgerufen wird, der beim Aufheben des Deckels entsteht.

---

[1] Die Reizquelle wurde bei allen Versuchen stets seitlich vor die Tiere in etwa $^1/_2$ cm Höhe über den Boden gehalten. Die Schnecken krochen in einer flachen Petrischale auf festgedrückter, feuchter Erde. Die Zimmertemperatur betrug 18° C.

Die Wahrnehmung des Luftzuges ist also thermischer Natur. Wir begreifen diese hohe Empfindlichkeit der Schnecke für Luftströmungen, wenn wir uns vergegenwärtigen, daß dieses subterran lebende Tier normalerweise im Boden kaum Luftbewegungen ausgesetzt ist. Wird das Tier dann, wenn es sich außerhalb des Bodens befindet, von einem derartigen Reiz getroffen, so muß dieser natürlich um so stärker empfunden werden.

Zusammenfassung der Ergebnisse der sinnesphysiologischenVersuche: *Caecilioides acicula* verfügt über ein hochentwickeltes Sinnesvermögen. Für die Orientierung im Raum kommen in Ermangelung der Augen hauptsächlich der Tastsinn und der Geruch, sowie auch der thermische Sinn in Frage. Der Hautlichtsinn spielt für die Raumorientierung eine mehr untergeordnete Rolle. Der Geruchsinn ist viel feiner ausgebildet als bei den bis jetzt untersuchten größeren Heliciden. Ebenso ist der thermische Sinn außerordentlich fein entwickelt. Seine große biologische Bedeutung liegt vor allem darin, daß er dem zarten Tier ermöglicht, der austrocknenden Wärme zu entgehen.

Geschlechtsapparat und Fortpflanzung.

Der Genitalapparat der *Caecilioides acicula* ist bereits von LEHMANN untersucht worden. Später haben WIEGMANN-HESSE (34) die LEHMANN-sche Beschreibung berichtigt. Im großen ganzen habe ich die Angaben WIEGMANNS bestätigt gefunden.

Der allgemeine Bauplan des Geschlechtsapparates der *Caecilioides acicula* (Abb. 35, 61) stimmt trotz mancher Abweichung im einzelnen in allen wesentlichen Teilen weitgehend überein mit dem der helicoiden Stylommatophoren. Wie bei allen Schnecken ist die Zwitterdrüse in die oberen Windungen des hinteren Leberlappens eingebettet und bildet so den am weitesten peripher gelegenen Teil des Genitalapparates. Von ihr ausgehend, steigt der sehr dünne Zwittergang an der Columella entlang nach unten, knäuelt sich kurz vor seiner Einmündung in den Spermovidukt stark auf und nimmt dabei ziemlich plötzlich bedeutend an Dicke zu. Zwittergang und Eiweißdrüse werden nach unten zu fortgesetzt durch den Spermovidukt. Dieser bildet einen langgestreckten, stark drüsigen Schlauch, der sich um den Spindelmuskel herumschlingt und so entlang der Columella nach dem Fuße zu verläuft. Seine doppelte physiologische Aufgabe — Samen- und Eileitung — prägt sich auch morphologisch aus. Die Samenrinne mit ihrem dicken Belag von zahlreichen großen Drüsenläppchen, der sogenannten „Prostata", ist nämlich schon äußerlich abgesetzt von dem eigentlichen Ovidukt, der auch als „Uterus" bezeichnet wird. Dessen Oberfläche erscheint normalerweise fast glatt und läßt so das dicke Polster einzelliger Drüsen, das der Oviduktwand außen aufgelagert ist, kaum vermuten. Innerhalb der letzten Windung des Eingeweidesackes hören vor dem Übergang des Oviduktes in die Vagina sowohl die Prostata- wie auch die Uterusdrüsen ziemlich plötzlich auf. Gleichzeitig schließt sich die Samenrinne zum Vas deferens, das als selbständiges Rohr nach längerem Verlauf in das freie Ende des Penisschlauches eintritt.

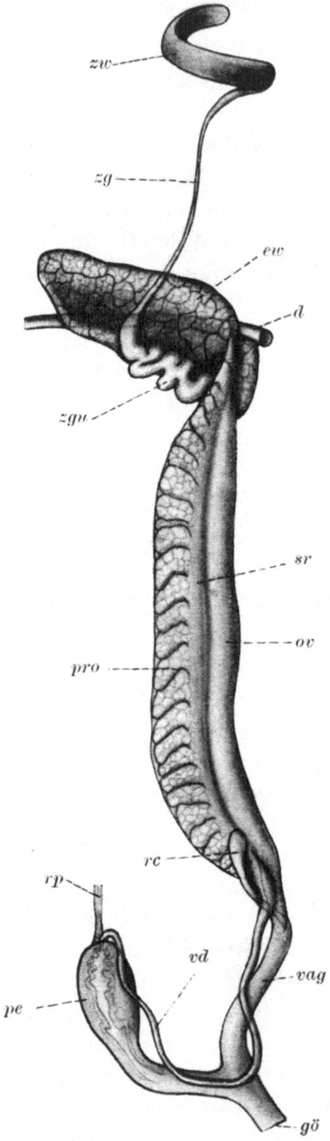

Dem Endabschnitt des Oviduktes, dem sogenannten „Uterushals", sitzt das Receptaculum seminis als ziemlich kurzgestieltes, kleines Bläschen auf. Es schlingt sich nach oben zu um den Spermovidukt herum, liegt der Drüsenmasse der Prostata eng an und erscheint mehr oder weniger in sie eingebettet. Ein Divertikel am Stiel des Receptaculum fehlt. Vagina und Penisschlauch münden gemeinsam durch das Atrium genitale auf der rechten Seite nach außen aus[1]. Die Genitalöffnung, die bei vielen Landlungenschnecken unmittelbar hinter dem rechten oberen Tentakel liegt, ist bei *Caecilioides acicula* verhältnismäßig weit nach der Mitte des Fußes zu verschoben (Abb. 4). Irgendwelche Anhangsorgane an den Kopulationswerkzeugen, wie wir sie bei manchen Gruppen der Stylommatophoren, etwa als „fingerförmige Drüsen", Pfeilsack, Flagellum usw., in reichem Maße entwickelt finden, fehlen der *Caecilioides acicula* völlig.

So ergibt sich ein Bild des Genitalapparates der *Caecilioides acicula*, das weitgehend ähnlich ist dem der *Stenogyra decollata* und *Ferussacia gronoviana*, und das charakterisiert ist durch eine auffallende Einfachheit, wie wir sie nur bei wenigen Gruppen der Stylommatophoren wiederfinden.

Nach diesem Überblick möge eine genauere morphologische und histologische Beschreibung der einzelnen Abschnitte des

Abb. 61. Genitalapparat.
48 × vergr.

----

[1] Zwischen Penis und Vagina zieht der Retraktor des rechten großen Tentakels hindurch (vgl. S. 378).

Geschlechtsapparates folgen. Wie bereits angedeutet, liegt die Zwitterdrüse in den oberen Leberlappen eingebettet an der Innenseite des zweiten Umganges des Eingeweidesackes. Merkwürdig ist, daß sie sich nicht in typischer Weise aus zahlreichen einzelnen Läppchen zusammensetzt, sondern ein kompaktes, querliegendes Band ohne jede äußere und innere Gliederung bildet, das sich über mehr als die Hälfte des zweiten Umganges erstreckt. Eine derartig bandförmige Zwitterdrüse ist meines Wissens bisher noch niemals beschrieben worden. Selbst diejenige der *Ferussacia gronoviana* und *Stenogyra decollata* ist in typischer Weise aus einzelnen Follikeln zusammengesetzt.

Über den inneren Bau der Zwitterdrüse gibt die Abb. 62 Aufschluß, die einen etwa schräg getroffenen Längsschnitt darstellt. Aus diesem Schnittbild geht hervor, daß das eigentliche Keimepithel, welches die

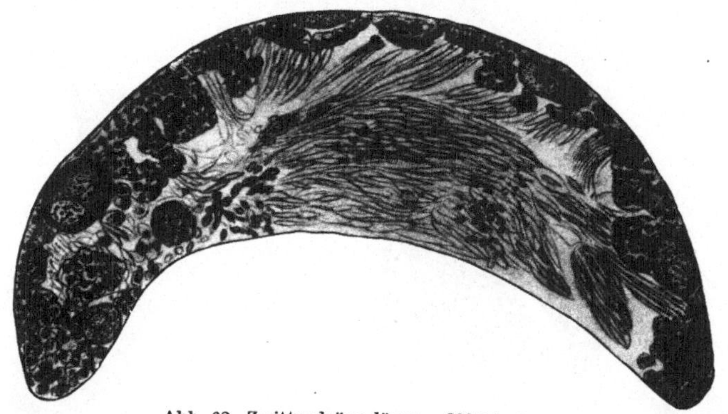

Abb. 62. Zwitterdrüse längs. 200 × vergr.

Eier und Samenzellen erzeugt, nur auf die äußere Seite des Drüsenbandes beschränkt ist, während die „Spindelseite" aus einem ganz dünnen Plattenepithel besteht, das an der Bildung der Geschlechtszellen keinen Anteil hat. Zwischen Außen- und Innenwand liegt ein verhältnismäßig weiter Hohlraum, in den die reifenden Sperma- und Eizellen hineinhängen, und der wohl als eine Art Sammeltrichter dient für die abwandernden Geschlechtsprodukte. Die Entstehung und Reifung der Genitalzellen bietet keine Besonderheiten. Dem Oberrand der Zwitterdrüse liegt ein großer Blutraum auf, der „Nahtsinus" (siehe S. 401) der von dünnen Bindegewebsbrücken durchzogen ist (Abb. 63).

Die Zwitterdrüse geht nach unten zu allmählich in den Zwittergang über, durch den die Ableitung der Geschlechtsprodukte erfolgt. Eine scharfe Grenze zwischen Zwitterdrüse und -gang ist nicht vorhanden. Auf fast drei Viertel seiner Länge stellt dieser ein gerades, dünnes Rohr von nur 13 μ Dicke dar, das die Columella einmal umschlingt. Seine Wand besteht aus kubischem Epithel mit kleinen runden Kernen und

einem etwa 2 μ hohen Flimmerbesatz. Außen ist der Zwittergang umhüllt von faserigem Bindegewebe. Der untere, aufgeknäuelte Teil des
Ganges (Abb. 64) ist vier- bis sechsmal so stark wie der gestreckte, nämlich 50—75 μ. Auf allen meinen Präparaten ist dieser Abschnitt prall
gefüllt mit Spermatozoen. Anscheinend stellt dieser erweiterte und
stark gewundene Teil des Zwitterganges eine Art Vesicula seminalis dar.
Eine „Befruchtungstasche", wie sie von anderen Stylommatophoren nachgewiesen ist, habe ich weder an Schnitten noch an Sektionspräparaten
feststellen können. Da es mir nicht gelungen ist, im Zwittergang oder
in den obersten Abschnitten der anschließenden Geschlechtsausführwege

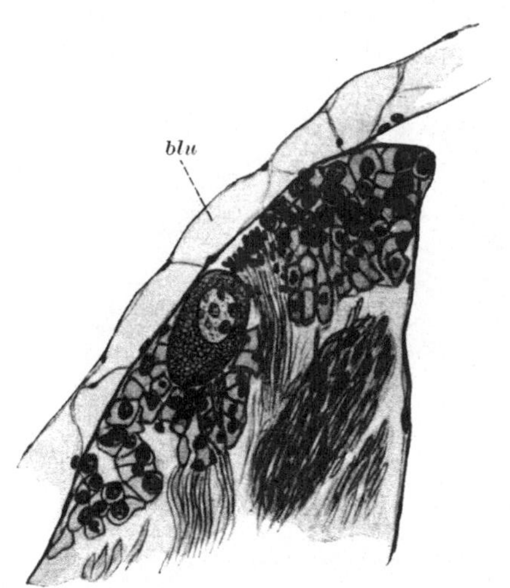

Abb. 63. Ein Teil des in Abb. 62 dargestellten Schnittes
mit anliegendem Blutsinus, stärker vergrößert.
400 × vergr.

Abb. 64. Aufgewundener Abschnitt
des Zwitterganges.
80 × vergr.

Eier aufzufinden, vermag ich nicht anzugeben, wo nun die Befruchtung
erfolgt. Irgendwelche Anhangsdrüsen des Zwitterganges, wie sie z. B.
bei *Leucochroa candidissima* und *Stenogyra* (83) aufgefunden worden
sind, fehlen der *Caecilioides acicula*. Der Zwittergang geht vielmehr
mit der Eiweißdrüse zusammen unmittelbar in den Spermovidukt über.

Die Eiweißdrüse stellt ein voluminöses Organ dar und ist im dritten
Umgang des Eingeweidesackes, direkt unterhalb des Magens, gelegen.
Durch ihre weiße Farbe hebt sie sich gut ab von der braunen Leber
und den benachbarten Darmabschnitten. Infolgedessen kann man sie
bereits am lebenden Tier durch das glashelle Gehäuse hindurch erkennen.
In ihre Außenseite, die in typischer Weise konvex gewölbt ist wie die
Außenwand des Umganges, ist der querliegende Dünndarmschenkel
eingebettet. Die nach innen zu gelegene Wand dagegen ist konkav.

Was den feineren Bau der Eiweißdrüse betrifft, so kann ich dem von anderen Stylommatophoren Bekannten nur wenig Neues hinzufügen. Schon äußerlich läßt sich sowohl am Sektionspräparat als auch am Schnittbild erkennen, daß diese Drüsenmasse aus zahlreichen Läppchen zusammengesetzt ist. Die einzelnen Tubuli bestehen je aus mehreren, sehr großen Drüsenzellen. Das Lumen der Drüsenzellen (Abb. 65) ist zum größten Teil erfüllt von Sekret, das je nach dem Sekretionszustand fast homogen bis grobkörnig erscheint. Das feingranulierte Plasma, in dem der rundliche Kern liegt, ist auf einen kleinen basalen Wandbezirk beschränkt. Die Färbbarkeit der Zellelemente der Eiweißdrüse ist wechselnd, indem sie sich je nach der Sekretionsphase bald mit Eosin rot, bald mit Hämatoxylin violett färben. Die Eiweißdrüse ist durchzogen von einem zentralen Ausführkanal. In ihn münden die zahlreichen engen Spalträume, in denen das Sekret aus den einzelnen Tubuli abfließt. Die terminale Seite der Drüsenzellen ist nach dem Lumen der Spalträume bzw. des zentralen Ausführganges zu gerichtet. Die einzelnen Tubuli sind von einer dünnen, faserigen Bindegewebslage umhüllt. Die kapillaren Ausführgänge der Tubuli, und ebenso der zentrale Hauptkanal der Eiweißdrüse, sind ausgekleidet von einem sehr stark abgeplatteten Epithel, dem sogenannten „centrotubulösen Syncytium", wie es zuerst durch

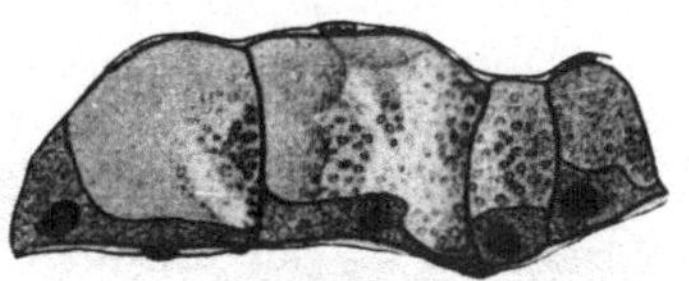

Abb. 65. Zellen der Eiweißdrüse. 720 × vergr.

KRAHELSKA aus der Eiweisdrüse anderer Stylommatophoren beschrieben worden ist. Am Vorderrand der konkaven Innenseite der Eiweißdrüse gehen bei *Caecilioides acicula* der zentrale Hauptkanal und der Zwittergang gleichzeitig in den Spermovidukt über. Und zwar wird der Zwittergang von der Samenrinne fortgesetzt, während der Ausführkanal der Eiweißdrüse in den Uterusteil des Eisamenleiters mündet. Der Übergang erfolgt hierbei ziemlich unvermittelt. Bei anderen Formen dagegen, z. B. bei *Stenogyra* setzt sich der Ausführgang der Eiweißdrüse als kurzer flimmernder Kanal noch ein Stück nach außen fort, ehe er mit dem Zwittergang in den Spermovidukt übergeht.

Im Lumen des Eisamenleiters erscheinen auf Querschnitten Uterusteil und Samenrinne deutlich voneinander abgesetzt (Abb. 66). Während die an der Innenseite, also nach der Columella zu gelegene Samenrinne eng und etwas eingerollt ist, bildet der Eileiterabschnitt ein breites Rohr von elliptischem Querschnitt. Er besteht im oberen und mittleren Teil aus zwei tiefen Einfaltungen des Wandepithels, zwischen denen noch zahlreiche kleinere Falten liegen, die mehr oder weniger mächtig sind und ziemlich unregelmäßig auftreten. Der gesamte Spermovidukt wird gleichmäßig ausgekleidet von kubischem Epithel mit rundlichen bis länglichen, chromatinreichen Kernen. Diese Epithelzellen finde ich auf meinen Querschnitten stellenweise mit einem Flimmersaum besetzt. Ob er dem gesamten Wandepithel zukommt, sowohl dem des Ureters wie auch der Samenrinne, kann ich nach meinen Befunden nicht

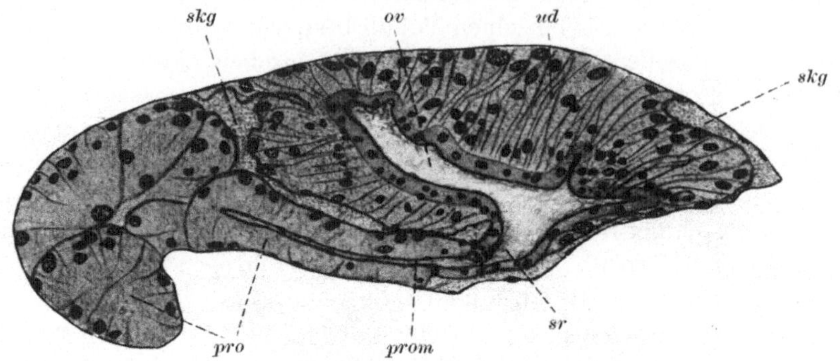

Abb. 66. Spermovidukt (quer). 720 × vergr.

mit Sicherheit sagen. Ich möchte aber annehmen, daß der Wimperbesatz mindestens im Uterusabschnitt nur streckenweise vorhanden ist.

Wie schon erwähnt, sind dem Spermovidukt dicke Drüsenpolster aufgelagert. Der mächtige Drüsenbelag der Samenrinne besteht aus zahlreichen kurzen, von einer dünnen Bindegewebshülle umgebenen Schläuchen (Abb. 67). Diese sind verhältnismäßig voluminös und werden von großen, etwa 20 μ hohen und zum Teil fast ebenso breiten Drüsenzellen gebildet, die um einen zentralen Ausführgang herum

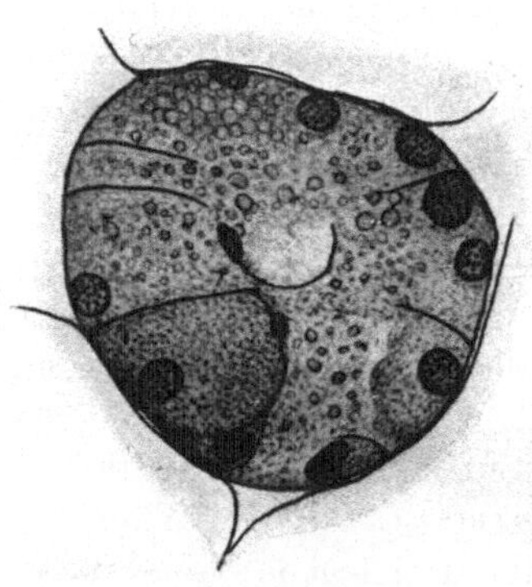

gruppiert sind. Die großen kugligen Kerne der Drüsenzellen sind basalständig und etwas ärmer an Chromatin wie die Epithelkerne des Eisamenleiters. Die Ausführgänge der Drüsenschläuche führen direkt in die Samenrinne (Abb. 66). Die vor allem im Sommer sehr stark entwickelten Drüsenschläuche der Prostata bedecken die Samenrinne in ihrer ganzen Länge vom Eintritt des Zwitterganges an bis zur Abzweigung des Vas deferens.

Abb. 67. Querschnitt eines Drüsenschlauches der Prostata, stark vergrößert. (Die anliegenden Schläuche sind angedeutet.) 600 × vergr.

Im Uterusteil ändert sich nach unten zu der Querschnitt des Lumens insofern, als neue, größere Einfaltungen des Wandepithels auftreten, während andere verschwinden. In Höhe der Blase des Receptaculum seminis, also kurz vor der Abzweigung des Vas deferens, verstreichen plötzlich sämtliche Einfaltungen bis auf die Samenrinne, die ihre Gestalt beibehält. Das gesamte Lumen des Spermoviduktes wird so zu einem langen Spalt, dessen proximale Kante als Samenrinne etwas verengt und leicht eingerollt bleibt.

Wie schon eingangs bemerkt, liegt der Wand des Uterusabschnittes eine Drüsenmasse auf, die der Prostata der Samenrinne analog ist. Diese „Uterusdrüse" unterscheidet sich sowohl durch die Form als auch durch die Anordnung ihrer Zellelemente. Die sehr hohen zylindrischen Drüsenzellen bilden hier nämlich nicht wie bei der Prostata einzelne Tubuli, sondern umgeben als einheitlicher, von Bindegewebe umhüllter Komplex des gesamten Uterusteil, wobei die einzelnen Zellen in radiärer Anordnung nebeneinander liegen (Abb. 68). Infolgedessen erscheint die Uteruswand im Querschnitt mehr oder weniger stark verdickt; und von außen betrachtet, völlig glatt und ohne derartige Faltenbildungen, wie sie uns am Spermovidukt anderer Stylommatophoren meist entgegentreten. Die rundlichen bis länglichen Kerne der Drüsenzellen sind basalständig. Sie zeichnen sich durch einen hohen Chromatingehalt aus und sind in der Regel verhältnismäßig groß. Der Inhalt der normalen Drüsenzelle zeigt undeutlich wabige Struktur. Auf manchen Schnittserien liegen zwischen der Bindegewebshülle und dem Drüsenkomplex gelblichgrüne Sekretmassen, die teilweise auch zwischen die Drüsenzellen eindringen. Wo dieses Sekret entsteht, kann ich nicht

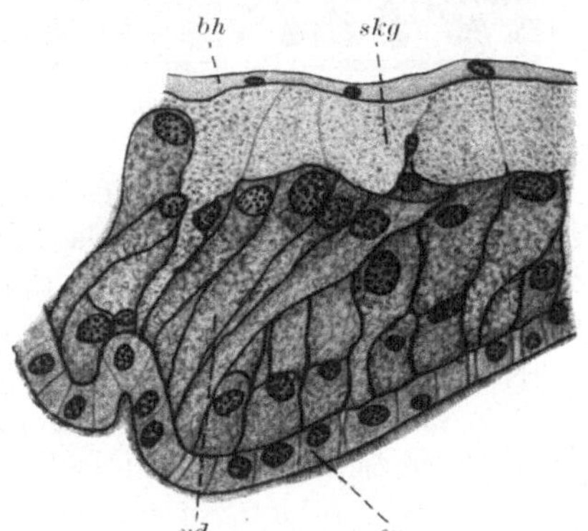

Abb. 68. Uteruswand (stark vergrößert!).
720 × vergr.

genau angeben. Mehrmals machen die Schnittbilder den Eindruck, als ob es sich um Umwandlungsprodukte der zu äußerst gelegenen Elemente der Uterusdrüse handelt. Es würde dann sonderbarerweise die Sekreterzeugung von außen nach innen zu fortschreiten. Ob dies wirklich der Fall ist, muß vorläufig unentschieden bleiben.

Der Drüsenbelag der Uteruswand ist am mächtigsten im mittleren und unteren Teil des Spermoviduktes, während er nach oben zu sich abflacht, ohne jedoch völlig zu verschwinden. So findet er sich selbst unmittelbar unter der Eiweißdrüse, wenn auch in verhältnismäßig schwacher Ausbildung. Nach unten zu verliert sich der Drüsenmantel etwas oberhalb der Abzweigung des Receptaculum seminis. Dieses längliche Bläschen liegt den Prostatadrüsen an, mit denen es durch Bindegewebe fest verbunden ist. Die Wand der Blase besteht aus einem hohen Zylinderepithel, das einen niedrigen Flimmersaum trägt, und dem außen eine dünne Ringmuskel- bzw. Bindegewebsschicht aufliegt (Abb. 69). Das Protoplasma der Wandzellen ist feingranuliert. Die großen elliptischen Kerne liegen der Basis genähert. Ob die Epithelzellen drüsige Funktion haben, wie allgemein für andere Formen angegeben wird, vermag ich nicht zu sagen. Bei *Caecilioides* lassen sie weder durch ihr Verhalten zu sauren und basischen Stoffen, noch durch die Struktur ihres Inhaltes drüsige Eigenschaften erkennen. Die Blase selbst ist oft gefüllt mit einer fädigen Flüssigkeit, die sich bei der MALLORYschen Bindegewebsfärbung leuchtend blau, mit Hämatoxylin schwach blau-violett färbt. Der Übergang des Bläschens in den Stiel erfolgt allmählich und ohne deutliche Grenze. Im wesentlichen zeigt der Stiel denselben Aufbau wie die Blase. Jedoch ist die ihn umhüllende Ringmuskelschicht dicker und der Flimmerbesatz des Epithels etwas kräftiger. Dagegen ist die Zellhöhe durchweg geringer und öfters wechselnd, wodurch das Wandepithel mehrmals in das Lumen vorspringt.

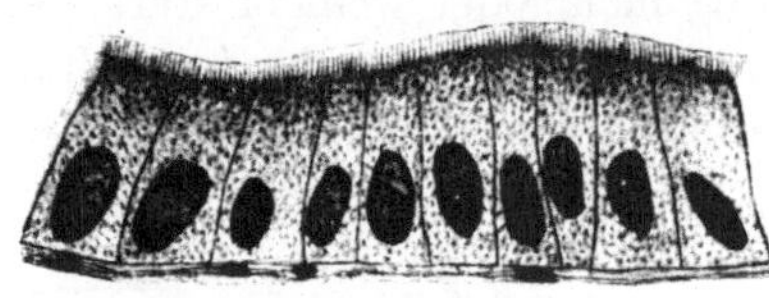

Abb. 69. Wandepithel des *Receptaculum seminis*. 900 × vergr.

Von der Einmündung des Rezeptakelstieles ab wird der Ovidukt zur Vagina, die, wie auch das anschließende Atrium genitale, einen muskulösen Schlauch darstellt, der von einem flimmerlosen, kubischen Epithel ausgekleidet wird.

Noch bevor sich der Drüsenmantel der Uteruswand verliert, schließt sich die Samenrinne zum Vas deferens. Während gleichzeitig die Prostataanhänge verschwinden, löst sich dieses nun vom weiblichen Ausführgang los und bildet ein dünnes, von einem niedrigen Zylinderepithel ausgekleidetes Rohr, das außen von einer Ringmuskelschicht umhüllt wird. Zunächst verläuft es, auf kurzer Strecke eng dem Ovidukt anliegend, noch innerhalb der Muskel- und Bindegewebshülle, die diesen umgibt. Bevor der Rezeptakelstiel einmündet, tritt es jedoch aus dieser heraus und läuft dann, zum Teil in leichten Windungen, frei neben der Vagina nach unten bis zum Atrium genitale. Hier biegt es wieder nach oben um und steigt parallel dem Penisschlauch empor, bis es an dessen freiem Ende neben der Insertionsstelle des Penisretraktors in ihn eintritt.

Der Penis stellt, von außen betrachtet, einen schlauchförmigen Körper dar, der nach hinten zu keulenartig verdickt ist. Die Abb. 70 bis 72 mögen zur genaueren Orientierung über den inneren Aufbau des Penis dienen. Aus ihnen geht hervor, daß wir hier im großen ganzen dieselben Verhältnisse vor uns haben, wie sie MEISENHEIMER von *Helix pomatia* beschreibt. Die Fortsetzung des Vas deferens bildet ein erweitertes Rohr, dessen Wand in Ring- und Längsfalten gelegt ist. Am Grunde des Rohres liegt ein kleiner, vom Vas deferens durchbohrter Zapfen, die „hintere“ Papille. Wo sich der Penis nach vorn zu verjüngt, springt die Wand dieses Rohres wiederum nach innen vor und bildet analog der „vorderen Papille“ der Weinbergschnecke ebenfalls einen durchbohrten Zapfen. Das hintere Drittel des zwischen beiden Papillen gelegenen Penisrohres ist in zahlreiche tiefe Ringfalten gelegt, während die vorderen zwei Drittel fast faltenfrei sind und nur in der Mitte eine leichte faltenähnliche Erweiterung aufweisen. Bei der Weinbergschnecke hingegen sind sowohl „die Wände dieses Zapfens . . . wie auch die ihm von außen anliegende Wand des vorderen Penisabschnittes . . . in zahlreiche zierliche Ringfalten gelegt“ (MEISENHEIMER). Überhaupt sind bei *Caecilioides* die Faltenbildungen des Penisrohres gegenüber der *Helix pomatia* mehr vereinfacht und dafür um so kräftiger. Die Epithelauskleidung des Penisrohres besteht aus hohen Zylinderzellen mit langgestreckten Kernen und dicker Cuticula. Im Bereiche der drei hintersten Ringfalten flacht sich das Epithel ab, die Kerne werden rundlich, und die Cuticula verschwindet.

Die äußerste Umhüllung des Penisschlauches wird von Bindegewebe mit epithelartig angeordneten Kernen und einer Längsmuskelscheide geliefert. Von dieser Bindegewebs- und Muskelhülle aus ziehen nun eine Anzahl septenartig angeordneter Muskelfasern zu der bindegewebigen bzw. muskulösen Unterlage des Wandepithels des Penisrohres. Diese hebt sich vor allem in den nach MALLORY gefärbten Schnitten durch ihre Blaubzw. Violettfärbung deutlich von dem umgebenden Gewebe ab. Die zwischen den Quersepten liegenden Hohlräume stellen genau wie bei der Weinbergschnecke eine Art Schwellkörper dar, in

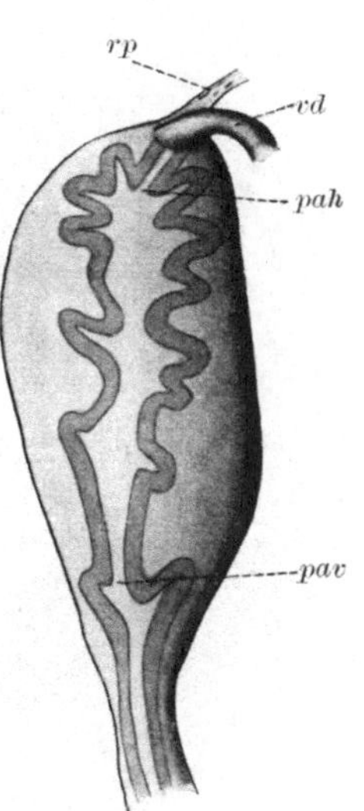

Abb. 70. Penis (durchsichtig gezeichnet). 110 × vergr.

den bei der Ausstülpung des Penis Blutflüssigkeit einströmt (Abb. 71). Die Septen inserieren am Grunde der nach außen vorspringenden Epithelfalten. Und zwar entspringen diejenigen, die an den Falten des hinteren, cuticulafreien Penisabschnittes ansetzen, am Hinterrande des Penis, ziehen also nach vorn. Die Septen des vorderen Abschnittes dagegen ziehen von vorn nach hinten, wie es Abb. 72 zeigt. Bei der Weinbergschnecke sind nach MEISENHEIMER im Gegensatz hierzu sämtliche Septen nach vorn zu gerichtet. Außerdem finden sich dort zwei äußere Muskelscheiden, die am vorderen Teil des Penis inserieren. Anscheinend wird bei *Caecilioides* durch die beschriebene Anordnung der Muskelsepten die zweite, innere Längsmuskelscheide funktionell ersetzt.

Leider ist es mir nicht gelungen, den Penis der *Caecilioides acicula* im ausgestülpten Zustand zu beobachten. Angesichts der prinzipiellen Übereinstimmung mit dem Bau des Penis der Weinbergschnecke darf man wohl annehmen, daß der Ausstülpungsvorgang ähnlich verläuft wie bei jenem, und daß auch hier der Druck des zwischen die Septen einströmenden Blutes die Hauptrolle dabei spielt. Ob bei der Erektion des Penis neben dem Blutdruck vielleicht auch die Septen des vorderen Teiles beteiligt sind, kann ich nicht sicher sagen, vermute es aber.

Das Penisrohr dürfte wahrscheinlich wie bei der *Helix pomatia* nur bis zum cuticulafreien, hinteren Viertel seiner Länge umgestülpt werden. In diesem Falle wären dann im ausgestreckten Zustande auch die Septen des vorderen Abschnittes nach vorn zu gerichtet, so daß sie beim Wiedereinziehen des Penis, wie schon angedeutet, ebenso wie die des hinteren

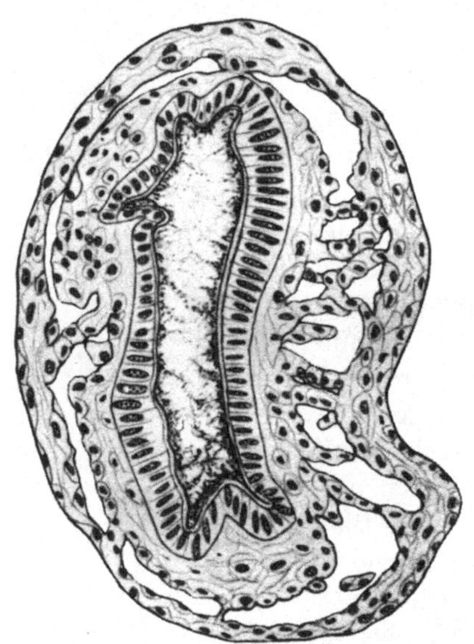

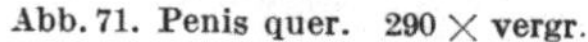

Abb. 71. Penis quer. 290 × vergr.

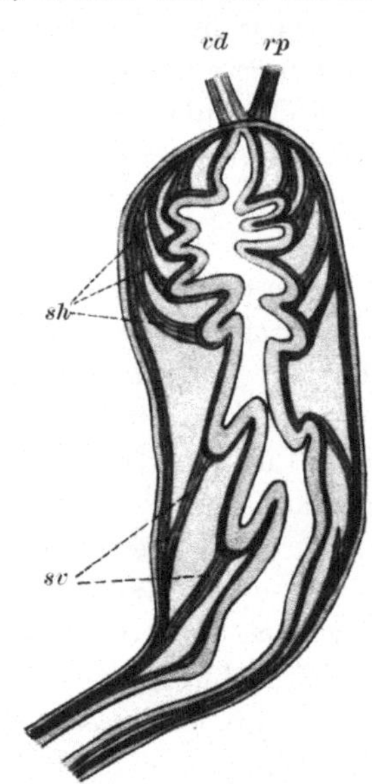

Abb. 72. Penis längs (etwas schematisiert).
150 × vergr.

Penisabschnittes als Retraktoren mehr oder weniger mit wirksam sein könnten. In die normale Ruhelage wird der Penis allerdings — wohl in gleicher Weise wie bei *Helix* — hauptsächlich durch den unpaaren Retraktormuskel (Retractor penis) gebracht werden. Dieser entspringt am Diaphragma und inseriert als schmales Band am Hinterende des Penisschlauches neben dem Eintritt des Vas deferens.

Unterhalb der vorderen Papille bleibt die Wand des Penisrohres ungefaltet. Es vereinigt sich schließlich mit der Vagina zum Atrium genitale, einem kurzen, von einer dicken Längs- und Ringmuskelschicht umgebenen Schlauch, der hinter der Mitte der rechten Kopfseite in der Genitalöffnung endet. Das Wandepithel des Geschlechtsvorhofes besteht aus flimmerlosen, zylindrischen Zellen mit elliptischen Kernen. Die Angabe MEISENHEIMERS, daß bei *Helix pomatia* zwischen den Zylinderzellen „die Ausführgänge zahlreicher in die Tiefe verlagerter Drüsenzellen zu finden sind", trifft für *Caecilioides acicula* nicht zu. Hier ist vielmehr das Atrium völlig drüsenfrei.

Die *Fortpflanzung* der *Caecilioides acicula* fällt in die Zeit von Anfang Mai bis Ende Juli. Während dieser Monate trifft man in einer Tiefe von 25—35 cm stets zahlreiche Tiere in der Erde eng beieinander an.

Leider glückte es mir nur zweimal, die Tierchen bei der Kopula zu überraschen. Am 18. Juli 1926 fand ich im Zuchtglas ein Pärchen, das jedenfalls die Begattung eben beendete. Die Tiere lagen sich noch mit teilweise aufeinandergepreßten Fußsohlen gegenüber. Das Gehäuse des rechten Partners erschien dabei im Verhältnis zur Normallage um 180⁰ gedreht, wodurch es mit der Spitze nach vorn zeigte, und so parallel zur Verlängerung des linken Gehäuses lag. Der Zuchtbehälter hatte bis dahin unter einer Rubinglasglocke gestanden. Als die Schnecken nach

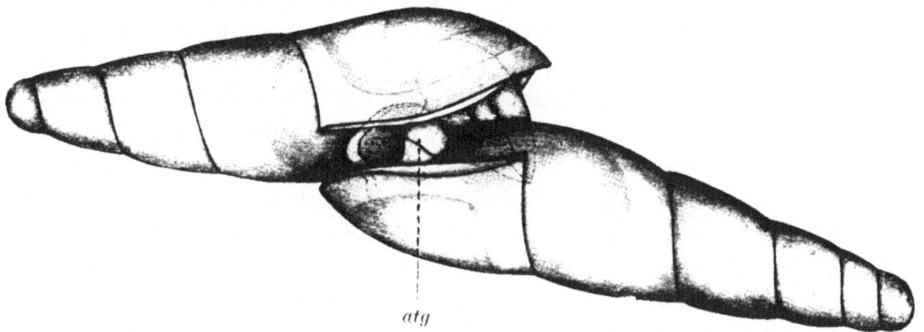

Abb. 73. *Caecilioides* in Copula.   18 × vergr.

Wegnahme der Glasglocke ins Licht gestellt wurden, lösten die Tiere ihre Fußsohlen voneinander und zogen sich ins Gehäuse zurück. Da die ausgestülpten Genitalorgane noch nicht völlig voneinander gelöst waren, wurde die Gehäusemündung des einen Tieres etwas mit in die Schale des Partners hineingezogen. So lagen sich die ins Gehäuse zurückgezogenen Tiere, nachdem die Kopulationswerkzeuge völlig wieder eingestülpt waren, mehrere Stunden regungslos gegenüber, ohne weitere Kopulationsversuche zu unternehmen.

Am 27. Juli 1927 gelang es mir endlich, ein zweites kopulierendes Pärchen im Zuchtglas aufzufinden und überraschend mit heißer Sublimatlösung zu fixieren. Die Tierchen blieben beim Abtöten in der natürlichen Kopulastellung beisammen. Die Abb. 73, die dieses Pärchen darstellt, gibt die charakteristische Lage beider Partner wieder. Deren Stellung entspricht im wesentlichen der oben beschriebenen, zeigt allerdings ein anderes Stadium der Kopula, wohl den Höhepunkt. Die beiden Gehäuse liegen ebenfalls mit abgewendetem Apex nebeneinander. Ihre

Mündungen sind einander zugekehrt, so daß die Schwanzspitze des dreiviertel ausgestreckten Fußes „senkrecht" nach unten gerichtet ist. Die Tentakel sind zurückgezogen. Die Fußsohlen werden in diesem Augenblick nicht aufeinander gepreßt, sondern die Tiere liegen sich mit den rechten Körperseiten gegenüber. Beide sind miteinander verbunden durch die weit ausgestülpten Genitalatrien, die fest aufeinander gedrückt werden[1].

Die Übertragung des Samens geschieht jedenfalls ähnlich wie bei *Helix* durch den wechselseitig in die Vagina des Gegners eingeführten Penis. Ob eine Spermatophore gebildet wird, ist bei dem Fehlen aller Anhangsorgane der Kopulationswerkzeuge mehr als fraglich. Es ist mir auch nie gelungen, eine solche aufzufinden, wenn man nicht den Inhalt des Receptaculum seminis als Spermatophorenreste deuten will. Bei der auffallenden Länge des Penisschlauches wäre die Möglichkeit einer direkten Übertragung des Spermas vom Penis in den Stiel des Rezeptakels, die auch WILLE (83) in ähnlicher Weise für den allerdings wesentlich anders gebauten Penis der *Stenogyra decollata* annimmt, nicht von vorn herein von der Hand zu weisen.

Die Begattung der *Caecilioides acicula* erfolgt in der Regel subterran. Dies läßt sich schon aus den erwähnten unterirdischen Ansammlungen der Tiere während der Fortpflanzungszeit schließen. Bestätigt wird diese Vermutung dadurch, daß ich in dem einen Falle das kopulierende Pärchen unter dem Erdreich des Zuchtglases auffand. Die zwei anderen Tiere, die in Kopula überrascht wurden, hatten sich unter Moospflanzen zurückgezogen, da das Zuchtglas nur mit feuchtem Fließpapier ausgelegt war.

Eine ausführliche Beschreibung des Begattungsvorganges der *Caecilioides* hat 1857 bereits ARNDT gegeben (4). Wenn auch sein Schluß, daß „die Tiere zur Zeit der Begattung auf die Erdoberfläche kommen und sich hernach wieder in dieselbe zurückziehen", sicher unrichtig ist, so sind doch seine Beobachtungen, die bis jetzt kaum beachtet worden sind, auch heute noch interessant und wertvoll. Er schreibt unter anderem: „Am Nachmittage[2] beobachtete ich zwei Paare in der Begattung und zwar das eine vom Beginn derselben an. Die beiden Gehäuse berührten sich von vorne so, daß sie fast in einer geraden Linie lagen. Das eine Thier hatte sich etwa bis zum Beginn des letzten Umganges in das Gehäuse zurückgezogen, während das andere, sich weit ausstreckend, den vorderen Theil des Körpers in das Gehäuse des ersteren hereinsteckte, woselbst das gegenseitige Aufnehmen der Begattungsorgane sehr schnell erfolgte. Dann kam auch das erstere Thier weiter nach vorn,

---

[1] Eine anatomische Auswertung war leider unmöglich, da die von den kopulierenden Tieren angefertigte Schnittserie aus verschiedenen Gründen zur Untersuchung ungeeignet war.

[2] 22. Juli 1856.

indes sich das zweite in demselben Maaße zurückzog, so daß nun beide ihr Gehäuse ausfüllten. Bei der großen Durchsichtigkeit sowohl der Schale als auch des Thieres konnte man eine abwechselnde Erweiterung und Verengung, Verlängerung und Verkürzung, ein Pulsiren [1] in den Geschlechtstheilen deutlich durch eine Loupe wahrnehmen. Leider konnte ich bei der Unzulänglichkeit meines Mikroskopes keine genaueren Beobachtungen darüber anstellen. Die ganze Begattung dauerte etwa ³/₄ Stunden. Nach der Trennung blieb das erstere Thierchen des besprochenen Paares und auch das eine des zweiten ganz ruhig liegen, während die beiden anderen Thierchen mit großer Lebhaftigkeit herumkrochen, was auch noch am folgenden Tage bis zum Nachmittag währte, an dem sie mit großer Leichtigkeit in die Erde hineinkrochen."

Die *Eier* der *Caecilioides* sind kuglig und auf beiden Seiten kaum merkbar abgeplattet (Abb. 74). Ihre feste Kalkschale erscheint bei stärkerer Vergrößerung sehr fein gekörnelt. Die Eier zeichnen sich durch eine erstaunliche Größe aus. Beträgt doch ihr Durchmesser nicht weniger als ¹/₆—¹/₅ der Gesamtlänge des Gehäuses, nämlich 0,75 mm. Dieser beträchtlichen Größe steht eine geringe Anzahl der Eier gegenüber. Während z. B. (nach KÜNKEL) die Weinbergschnecke auf einmal 40 bis

Abb. 74,   Abb. 75.

Abb. 74. *Caecilioides* mit abgelegtem Ei. 5 × vergr.
Abb. 75. *Caecilioides* mit einem im Ovidukt liegenden Ei; Ei durch das Gehäuse hindurch sichtbar.
6 × vergr.

65 Eier absetzt, ein Gelege der *Campylaea cingulata* aber aus 18—100, des *Arion empiricorum* aus 18—155 und des *Limax cinereo-niger* gar aus 32—272 Eiern bestehen kann, werden von der *Caecilioides acicula* die großen Eier stets einzeln abgesetzt. Man kann hier also nicht von einem „Gelege" sprechen. Die Abwanderung des Eies im Spermovidukt läßt sich durch das Gehäuse hindurch gut beobachten (Abb. 75). Darauf haben bereits FISCHER & CROSSE hingewiesen.

Um festzustellen, wieviel Zeit das Ei vom Eintritt in den Uterus ab bis zur Ausstoßung braucht, wurden zahlreiche Exemplare sofort isoliert, wenn ein Ei im Uterus sichtbar wurde. Dabei ergab sich, daß die Dauer der Abwanderung eines Eies individuell verschieden ist, daß aber in der Regel jedes Ei mindestens zwei Wochen, vielfach noch länger, im Uterus verbleibt. Zwei Tiere trugen das Ei nur 9 Tage im Uterus. Eine am 18. VI. 1926 isolierte *Caecilioides* aber legte erst am 5. VII. 1926

[1] Es ist leicht möglich, daß ARNDT die Pulsationen der Kloakenhöhle für solche der Geschlechtsorgane hielt (vgl. S. 409).

ab, also nach 18 Tagen; und ein am 15. VI. 1926 isoliertes Exemplar stieß das Ei gar erst am 5. VII. 1926 aus, also nach 20 Tagen. Bei einem weiteren Tier lag zwischen der Ablage des 1. und 2. Eies ein Zeitraum von 16 Tagen.

Nach meinen Beobachtungen muß ich annehmen, daß die Eiablage hauptsächlich in die Zeit von Anfang Juni bis Ende Juli fällt. Denn unter den Tieren, die ich Ende Mai 1926 sammelte, trugen einige bereits Eier im Uterus. Von ihnen erhielt ich die ersten Eier am 10. Juni. Das letzte Ei wurde am 20. Juli abgesetzt. Die Eiablage erfolgt wahllos und subterran, wie ich sowohl im Zuchtversuch als auch beim Sammeln der Tiere in freier Natur beobachten konnte. Am 19. VI. 1926 fand ich in Pöhl bei Jocketa mehrere Eier der *Caecilioides* etwa 30 cm tief im Boden.

Die *Caecilioides* scheint nur einmal zur Eiablage zu kommen. Denn nach der Ausstoßung der Eier starben meine gefangen gehaltenen Tiere Anfang August. Nun erhielt ich zwar am 21. XII. 1926 von 2 Tieren, die seit Oktober 1926 im geheizten Zimmer gehalten worden waren, je 1 Ei. Doch glaube ich, daß diese Eiproduktion im Dezember abnorm war und auf die hohe Zimmertemperatur zurückgeführt werden muß. Denn im Dezember 1927 zeigte sich bei den 8 Exemplaren, die seit Monaten beobachtet wurden, keine Spur von Eiern.

Nach der Ablage von nur 2—3 Eiern gingen in der Gefangenschaft die Schnecken zugrunde. Da ich nicht wissen kann, wieviel Eier etwa bereits vorher in freier Natur abgesetzt waren, vermag ich die Gesamtzahl der von einer *Caecilioides* abgelegten Eier nicht mit Sicherheit anzugeben. Nach den in der Zwitterdrüse ausgebildeten Eiern zu urteilen, dürften pro Schnecke kaum mehr als 11—13 Eier produziert werden. Dies erscheint merkwürdig, wenn man die großen Eizahlen anderer Landpulmonaten gegenüberstellt. Die Weinbergschnecke z. B. legt innerhalb von 3 Jahren über 200 Eier; *Campylaea cingulata* erzeugt innerhalb von 4 Jahren fast 800, *Arion empiricorum* in 3 Jahren 300 bis 500, *Limax cinereo-niger* in 2 Jahren gar weit über 600—800 Eier (nach Künkel). Die außerordentlich geringe Eizahl der *Caecilioides* ist jedoch verständlich, wenn man bedenkt, daß diese Schnecke ökologisch den echten Höhlentieren gleichzustellen ist[1]. Bei den „Troglobien", wie man die echten Höhlentiere nennt, aber ist die auffallende Größe der Eier und die geringe Zahl der Nachkommenschaft eine weit verbreitete Tatsache. Als Beispiel verweise ich auf die Höhlenspinnen, die Leptonetiden, die „höchstens 6 Eier von ganz ungewöhnlicher Größe" in ihren Kokons bergen, während sich bei freilebenden „mittelgroßen Spinnen etwa 60—100, bei kleineren Arten aber immer noch 20—50

---

[1] Subterrane Lebensweise, infolgedessen Verlust der Augen und des Pigmentes, Aufenthalt in nur wenig schwankenden, niederen Temperaturen.

Eier im Kokon finden" (KÄSTNER). Die Leptonetide *Telema tenella* SIM. produziert sogar nur ein einziges Ei, das aber fast ein Drittel so groß ist wie die erzeugende Spinne.

Auch andere kleine Lungenschnecken, nämlich die Vallonien, haben sehr große Eier, die in ähnlicher Weise vereinzelt abgelegt werden wie bei *Caecilioides*. Die Abb. 76 zeigt das Ei von *Vallonia pulchella* und gibt eine Vorstellung von dem Größenverhältnis zwischen Ei und Schnecke. Die Vallonien leben nun zwar nicht in dem Maße subterran wie die *Caecilioides acicula*, sondern steigen sogar bei zunehmender Feuchtigkeit etwas an den Wiesenpflanzen empor. In der Regel jedoch finden sie sich unter Steinen, Moospolstern usw. und gehen anscheinend auch bis mehrere Zentimeter tief in den Boden hinein. Wenn die Vallonien demnach auch nicht ohne weiteres den echten Höhlentieren gleichzustellen sind wie *Caecilioides*, so kommen sie ihnen doch hinsichtlich ihrer Lebensweise bis zu einem gewissen Grad nahe. Deshalb ist wohl anzunehmen, daß auch bei ihnen die Größe ihrer Eier und deren vereinzelte Ablage damit in Zusammenhang stehen.

Abb. 76. *Vallonia pulchella*, mit abgelegtem Ei. 15 × vergr.

Es wurde bereits erwähnt, daß das Ei der *Caecilioides acicula* in der Regel länger als zwei Wochen im Uterus liegen bleibt, und daß die langsame Abwanderung der Eier sich sehr gut durch das Gehäuse der Schnecke hindurch verfolgen läßt. Wie stark die Ausführwege des Genitalapparates durch das abwandernde Ei erweitert werden, zeigt die Abb. 79. Da der Spermovidukt fast in seiner gesamten Länge unter der Lungenhöhle entlang läuft, hat diese Erweiterung eine starke Vorwölbung des Diaphragmas, also eine bedeutende Verengerung der Lungenhöhle zur Folge. Andere Organe des Eingeweidesackes werden durch das Ei nicht verdrängt. Wie weit die jedenfalls sehr schwierige Ausstoßung des großen Eies eine Verlagerung der im Fuß gelegenen Organe bedingt, konnte ich leider nicht beobachten.

Auf welche Weise die ungeheuere Erweiterung des Spermoviduktes zustande kommt, zeigt uns der Querschnitt Abb. 77. Von dem gesamten Drüsenbelag des Eisamenleiters sind lediglich die Drüsenschläuche der Prostata, die der Samenrinne anliegen, noch vorhanden. Das dicke Polster der Uteruswand dagegen ist im Bereiche des Eies restlos verschwunden. Das aus den Uterusdrüsen stammende Sekret ist anscheinend zum größten Teil in den Uterus abgeflossen. An Stelle der langgestreckten Drüsenzellen ist ein Hohlraum getreten, der außen von der Bindegewebshülle des Spermoviduktes begrenzt wird, und den nach innen das Wandepithel des Uterusraumes abschließt. Öffnet man am „Trockenpräparat" des Eisamenleiters die äußere Bindegewebsumhüllung, so hat man infolgedessen den Eindruck, als sei der Uterus doppelwandig. Von den zahlreichen Längsfalten der Innenwand des Spermoviduktes ist nur noch die Samenrinne als leicht eingesenkter Graben zu erkennen, während die übrigen Falten sämtlich verstrichen sind. Die nun völlig glatte Wand des Uterusabschnittes aber ist weit

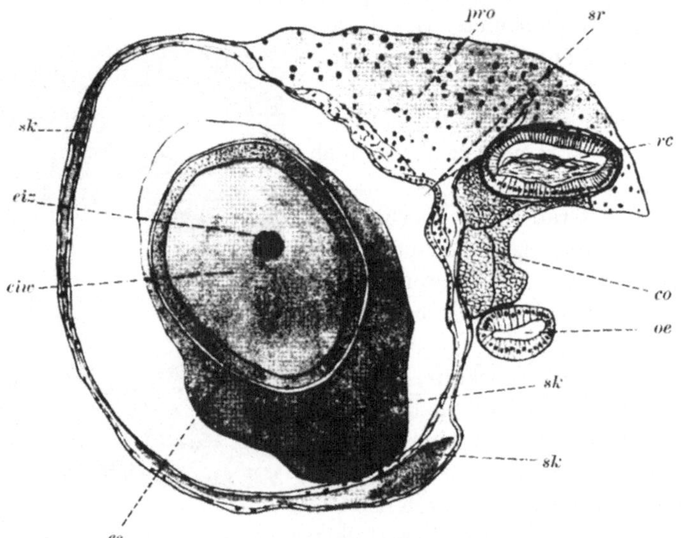

Abb. 77. Spermovidukt mit Ei (quer)[1]. 130 × vergr.

nach außen vorgetreten. Sie hat dadurch den noch mit Sekretresten gefüllten, durch den Schwund der Wanddrüsen entstandenen Raum auf einen schmalen Spalt zusammengedrängt und legt sich teilweise dem umhüllenden Bindegewebe fast an. Im Innern des auf diese Weise sehr stark erweiterten Uterus liegt das abwandernde Ei. Ihm liegen außen große Sekretmassen an, die sich mit Hämatoxylin-Eosin genau wie der Eiinhalt färben, nämlich dunkel rotviolett. Sie entstammen wahrscheinlich den verschwundenen Uterusdrüsen. Zwischen dem Wandepithel des Uterus und der Bindegewebshülle befinden sich nur noch geringe Sekretreste, die durch Hämatoxylin-Eosin hellrot gefärbt werden.

Von dem früher erwähnten hellgrünen Sekret (siehe S. 443) ist keine

---

[1] Die Eizelle (*eiz*) ist nach einem Totalpräparat eingezeichnet.

Spur mehr nachzuweisen. Möglich ist, daß es bei der Bildung der Kalkschale des Eies aufgebraucht worden ist. Wie die Ausbildung der Eischale im einzelnen vor sich geht, habe ich nicht untersucht. Auf dem
in Abb. 77 wiedergegebenen Stadium besteht
die Schale des Eies bereits aus zwei Schichten, die sich sowohl durch ihre Struktur als
auch durch ihre Färbbarkeit unterscheiden
(Abb. 78). Die sehr dünne äußere Schicht
erscheint im Schnitt als homogenes, nicht
mit Eosin oder Hämatoxylin färbbares Häutchen. Darunter liegt eine fast viermal so
starke Hülle von feinkörniger Struktur. Ihre
dem Eiinhalt aufliegende Innenseite zeigt fein-
zackige Fortsätze. Mit Hämatoxylin färbt sich
diese innere, körnige Schicht der Schale dunkel
blauviolett. Die Färbung ist am intensivsten

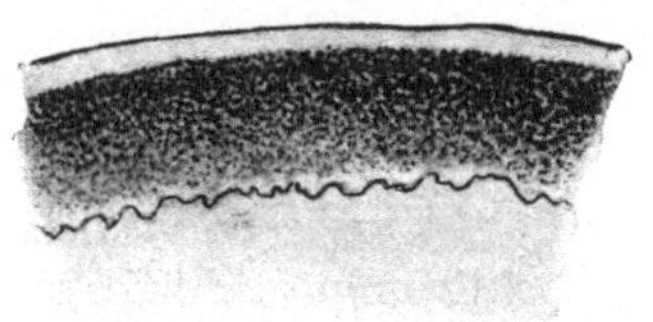

Abb. 78. Schale des in Abb. 77 dargestellten Eiquerschnittes
stark vergrößert. 900 × vergr.

am Außenrand der Schicht und wird nach
innen zu heller.

Die Frage, ob bei *Caecilioides* die Embryonalentwicklung etwa bereits im Uterus beginnt,
konnte leider nicht mehr geprüft werden, da
ich keine Eier mehr erhielt, als mir dieses Problem auftauchte. Ebenso bin ich nicht in der
Lage, Angaben zu machen über die Dauer der
Embryonalentwicklung bis zur Sprengung der
Eihülle. Im Zuchtglas schlüpften zwar eine
ganze Anzahl Embryonen. Die zur Prüfung
der Entwicklungsdauer sofort nach der Ab-

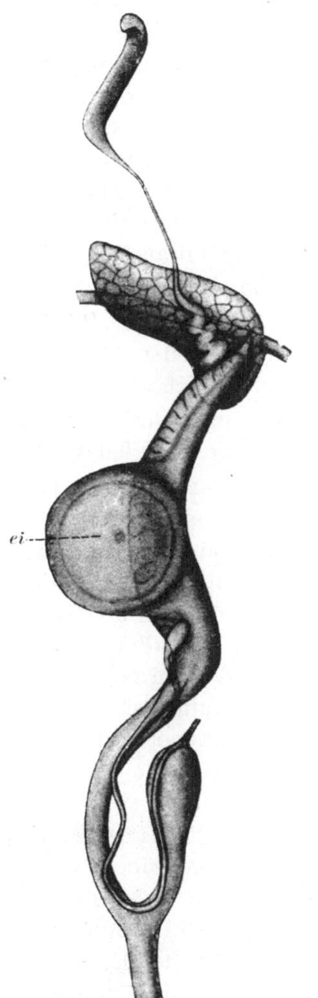

Abb. 79. Genitalapparat mit ab-
wanderndem Ei. 42 × vergr.

lage isolierten Eier jedoch kamen trotz sorgfältiger Pflege nicht zur
Entwicklung, sondern gingen in den mit feuchtem Fließpapier ausge-
legten Gläsern durch Schimmelbildung oder andere, nicht feststellbare
Ursachen zugrunde. Auch die im Dezember 1926 abgesetzten Eier
lieferten keine Embryonen.

Systematische Betrachtungen.

Da die Anatomie der Ferussaciiden nur wenig bekannt war, mußte die PILSBRYsche Einteilung dieser Familie (1909/10, 58) ein Notbehelf sein. PILSBRY teilte die Ferussaciiden in zwei Gruppen. In der ersten faßte er als Formen mit Fußsaumfurche, Schwanzporus, dreispitzigen Radulazähnen und einfachem, anhangslosen Penis folgende Gattungen zusammen: *Ferussacia* RISSO, *Cryptazeca* FOLIN, *Calaxis* BGT. und *Digoniaxis* JOUSS. Als zweite Gruppe stellte er ihnen die Gattungen *Cochlicopa* FÉR., *Hohenwarthia* BGT., *Caecilioides* HERRM., *Coilostele* BENS. und *Glessula* MARTENS gegenüber. Soweit es möglich war, sollte die zweite Gruppe gekennzeichnet sein durch das Fehlen der Fußsaumfurche und zum Teil auch des Schwanzporus, den Besitz eines Appendix am Penis und durch den „geraden" Ureter.

1922 hat P. HESSE auf Grund WIEGMANNscher anatomischer Notizen diese beiden Gruppen unter gleichzeitiger Umstellung einiger Genera zu Unterfamilien erhoben. WATSON (81) war 1920 bereits noch weiter gegangen und hatte auch für das *Genus Azeca* TURT. eine eigene Unterfamilie schaffen wollen.

STEENBERG spricht sich im Anschluß an seine große Pupillidenarbeit ebenfalls über die Einteilung der Ferussaciiden aus. Er erhebt die von HESSE errichtete Subfamilie Cochlicopinae zu einer selbständigen Familie, die er als Cochlicopidae (s. str.) bezeichnet. Sie ist charakterisiert durch den Besitz eines gestreckten Ureters und bleibt bei STEENBERG deshalb auch fernerhin unter die *Orthurethra* eingereiht. Die Ferussaciiden im engeren Sinne aber nimmt er, trotzdem die Nierenverhältnisse ihm noch unbekannt sind, auf Grund der Fußsaumfurche und des Schwanzporus der *Ferussacia gronoviana* (29) aus der Gruppe der *Orthurethra* heraus. Ihm ist 1927 P. HESSE gefolgt, der in GEYERS Bestimmungswerk (28) die Ferussaciiden (s. str.) als erste Gruppe der holopoden *Sigmurethra* aufführt. Wie wir im Laufe der vorliegenden Untersuchungen über *Caecilioides* feststellen konnten, war es ein „glücklicher Griff" STEENBERGS, von der alten Familie der „Ferussaciidae BGT." die „Cochlicopidae" abzutrennen. Ist doch durch den Befund an *Caecilioides acicula* STEENBERGS Vermutung bestätigt worden, daß die Ferussaciiden (im engeren Sinne) nicht „orthurethrisch" sind.

Weniger glücklich war HESSES Einreihung der Ferussaciiden (s. str.) unter die „holopoden Sigmurethra". Denn wie wir gesehen haben, ist die Sohle der *Caecilioides acicula* deutlich dreigeteilt. Nimmt man mit PILSBRY die Nierenverhältnisse als obersten Einteilungsgrund, so ist es überhaupt fraglich, ob eine Einreihung der *Caecilioides acicula* in die große Gruppe der „Sigmurethra" gerechtfertigt ist. Wie aus der Beschreibung der Pallialorgane (siehe S. 398 ff.) hervorgeht, ist nämlich

bei *Caecilioides acicula* die Lage der Niere zum Pericard und zur Lungenhöhle bzw. zum Enddarm durchaus nicht typisch „sigmurethrisch".
Der dreieckige Nierensack ist leicht sichelförmig gebogen. Das Pericard
aber liegt nicht der langen Seite der Niere an wie z. B. bei *Helix pomatia*,
sondern nimmt die kurze Seite des Nierendreieckes ein, weil sich bei
Caecilioides der Nierensack nicht parallel zur Längsachse der Lungenhöhle erstreckt, sondern quer. Die vom Pericard abgelegene Spitze des
Nierendreieckes ist schräg nach vorn gerichtet und läuft noch auf kurzer
Strecke am Emddarm entlang schräg nach vorn. Infolgedessen bildet
der sekundäre Ureter die direkte Fortsetzung des primären. So entsteht
bei *Caecilioides acicula* keine σ-artige Figur des Nierenausführganges.
Der gesamte Exkretionsapparat der *Caecilioides acicula* zeigt viel eher
eine gewisse Ähnlichkeit mit dem der Succineiden, also den „*Heterurethra*"
PILSBRYS, ohne jedoch damit identisch zu sein. Auf Grund der Niere
der *Caecilioides* müßte demnach für die Ferussaciiden wahrscheinlich
eine neue Gruppe geschaffen werden, die den übrigen vier obersten
Gruppen der Stylommatophoren („*Orth-*", „*Heter-*", „*Klast-*" und „*Sigmurethra*") gleichzuordnen wäre.

Von den Ferussaciiden ist zwar vorläufig nur die Niere der *Caecilioides
acicula* untersucht. Daß aber die *Caecilioides acicula* wirklich eine
Ferussaciide ist, wird durch den Vergleich mit der Anatomie der *Ferussacia gronoviana* bewiesen. Die Radula beider Formen besteht aus fast
gleichartigen, dreispitzigen Zähnchen mit großem Mesoconus; der
Rhachiszahn ist schmal und bedeutend kleiner wie die anschließenden
lateralen Reihen. Der hufeisenförmige, aulacognathe Kiefer ist in beiden
Fällen ganz ähnlich. Der Genitalapparat aber entbehrt bei *Ferussacia*
ebenso aller Anhangsorgane der Kopulationswerkzeuge wie wir es von
Caecilioides kennen gelernt haben. Dazu kommt noch der beiden ge-
meinsame Besitz einer Fußsaumfurche und vielleicht auch eine weitgehende Ähnlichkeit in der Anordnung der Hautskulpturen. Ob die
Sohle der *Ferussacia* ebenfalls dreigestellt ist wie bei *Caecilioides*, wissen
wir nicht; dürfen es aber vermuten. Unterschieden sind beide Formen
dadurch, daß *Ferussacia* einen Schwanzprorus besitzen soll (29), *Caecilioides acicula* eines solchen aber entbehrt. Ferner wäre die Anzahl
der Längsreihen der Radula zu nennen, die bei *Ferussacia* (59 Längsreihen) fast doppelt so groß ist wie bei *Caecilioides acicula* (31 Längsreihen). Ob man auf Grund dieser wohl geringfügigen Unterschiede
Caecilioides zu einer besonderen Unterfamilie der Ferussaciiden machen
will, ist eine belanglose Frage. Sicher aber ist, daß die *Caecilioides*
wirklich in die Familie der Ferussaciiden gestellt werden muß.

Weniger befriedigt mich die Einschätzung der Niere bei PILSBRY
und seinen Anhängern. Das Beispiel der *Caecilioides* zeigt wieder, daß
sich die Aufteilung der Unterordnung der Stylommatophoren auf Grund

des Nierenapparates nicht ganz so leicht durchführen läßt wie es vielleicht früher den Anschein hatte. Mag auch der Gedanke zunächst verlockend sein, die einer äußeren Beeinflussung durch Lebensweise und Umwelt weitgehend entzogene Gestalt des Nierenapparates als obersten systematischen Einteilungsgrund zu verwenden, so muß ich ihn doch mit J. Thiele ablehnen. Thiele (77) hat sicher sehr recht, wenn er annimmt, daß sich die Ausbildung des Nierenausführganges „in verschiedenen Gruppen von Landschnecken" analog vollzogen hat. Zur Begründung seines Standpunktes verweist Thiele darauf, daß „schon die primitive Gattung *Succinea*" einen langen Ureter besitzt, „der an der hinteren und rechten Kante der Mantelhöhle nach dem Atemloch verläuft". Zu gleichen Ergebnissen kommen wir, wenn wir die eigentlichen Mündungsverhältnisse des Nierenausführganges mit berücksichtigen. Bei *Caecilioides* mündet der sekundäre Ureter in zwei Kanälen, die in eine besondere Kloakenhöhle bzw. in dem Atemgang führen. Wir treffen auf zwei ganz ähnliche Ureteräste bei der *Helix pomatia*, allerdings ohne daß eine derartige Kloakenhöhle vorhanden ist. Die Ureteräste stellen bei der hochstehenden Weinbergschnecke offene Rinnen dar, bei *Caecilioides acicula* geschlossene Kanäle. Bekanntlich ist bei anderen Heliciden der sekundäre Ureter oft ganz oder teilweise offen, bei primitiveren Formen wieder mündet er weit vorn neben dem Atemloch usf. Gehen wir die ganze Gruppe der „*Sigmurethra*" durch, so stehen wir — ich möchte sagen — vor einem Chaos. Wollte man diese Verhältnisse ordnen, so würden „durch solche Einteilung natürliche Gruppen auseinandergerissen", wie Simroth, allerdings von anderem Gesichtspunkt aus, über das Pilsbrysche System schreibt.

Ich schließe mich deshalb Thiele an, der in dem Kükenthalschen „Handbuch der Zoologie" ein System der Pulmonaten gegeben hat, das die einseitige Einstellung Pilsbrys vermeidet. Auf breiterer Grundlage aufgebaut, bringt es die natürliche Verwandtschaftsbeziehungen der in „Sippen" zusammengefaßten Familien so zum Ausdruck, wie es eben der gegenwärtige Stand der Forschung erlaubt.

Thiele vereinigt 1926 die Familie der *Ferussaciidae* mit den *Subulinidae*, *Coeliaxidae* und *Achatinidae* zur Sippe der „*Achatinacea*"[1]. Diese neuartige Einordnung der Ferussaciiden in die *Achatinacea* erscheint, soweit wir heute wissen, durchaus berechtigt und wird auch durch die vorliegende Untersuchung der *Caecilioides acicula* gerechtfertigt.

---

[1] Thiele hat damit seinen Vorschlag von 1921 (78), die Ferussaciiden in die Sippe der „Achatinellacea" einzureihen, nach der Veröffentlichung der Steenbergschen Arbeit (74) gut korrigiert.

Zusammenfassung.

Die völlig pigmentlose *Caecilioides acicula* besitzt eine außerordentlich schmale, dreigeteilte Sohle mit sehr breitem Mittelfeld. Der Hautmuskelschlauch tritt gegenüber den großen Bluträumen des Fußes stark zurück. Für den Columellariskomplex ist die Länge der einzelnen Muskelbänder bemerkenswert. Die Lokomotionsgeschwindigkeit der *Caecilioides acicula* übertrifft diejenige aller anderen daraufhin untersuchten Landschnecken ganz bedeutend. Der Darmtraktus ist dem der Clausilien ähnlich. Am Dünndarm findet sich ein hier erstmalig nachgewiesenes, winziges Divertikel, dessen Funktion unklar ist. An der „schlauchartigen" Leber fällt die geringe Entwicklung der inneren Oberfläche auf. Der „obere", apikal gelegene Leberlappen ist bedeutend größer wie der „untere". Am Grunde der langgestreckten Lungenhöhle liegt die eigenartig gestaltete Niere. Der geschlossene, sekundäre Ureter mündet in zwei kurzen Ästen in die „Kloakenhöhle" bzw. in den Atemgang. Die große Kloakenhöhle führt von Zeit zu Zeit rhythmische Verschlußbewegungen aus. Ihr liegt außen ein großer Drüsenkomplex auf, die „Kloakendrüse". Die Ganglien des Schlundringes sind wenig konzentriert. Ein in die Unterseite des Pharynx eintretendes Nervenpaar zeigt gangliöse Anschwellungen, wie sie bis jetzt nur bei wenigen Stylommatophoren beobachtet worden sind. Tast-, Geruch- und Wärmesinn sind gut entwickelt und wichtig zur Orientierung im Raum. Die Reaktion auf optische Reize ist nicht ganz so deutlich ausgeprägt. Die Ausführwege des Genitalapparates sind stark drüsig. Die Kopulationswerkzeuge entbehren jeglicher Anhangsorgane. In bezug auf Größe und Zahl der Eier verhält sich *Caecilioides acicula* wie ein echtes Höhlentier. Auch die durch subterrane Lebensweise bedingte Pigment- und Augenlosigkeit hat diese Schnecke mit vielen Troglobien gemeinsam. *Caecilioides acicula* ist eine Ferussaciide. THIELES Einreihung der „*Ferussaciidae*" unter die „*Achatinacea*" ist nach dem gegenwärtigen Stand unserer Kenntnis berechtigt.

Literaturverzeichnis.

1. **Adams, L. E.:** Observations on some British Land- and Fresh-water Shells. J. of Conch. **9** (1898/1900).— 2. **Amaudrut, A.:** Sur la système nerveux de quelques Mollusques pulmonés (*Achatina, Bulime, Helix, Nanina, Vaginulina*). Bull. Soc. philom. **10.** Paris 1886. — 3. **André, E.:** Recherches sur la Glande pédieuse des Pulmonés. Rev. Suisse zool. **2** (1894). — 4. **Arndt, C.:** Die Mollusken der Umgegend von Gnoien. Bolls Archiv Ver. Freunde Naturgesch. Mecklenburg (Neubrandenburg) (1857). — 5. **Bang, Th.:** Zur Morphologie des Nervensystems von *Helix pom.* L. Zool. Anz. **48** (1917). — 6. **Barfurth, D.:** Über den Bau und die Tätigkeit der Gastropodenleber. Arch. mikrosk. Anat. **22** (1883). — 7. **Beck, K.:** Anatomie deutscher *Buliminus*-Arten. Jena. Z. Naturwiss. **48** (1912). — 8. **Behme, Th.:** Beiträge zur Anatomie und Entwicklungsgeschichte des Harnapparates der

Lungenschnecken. Arch. Naturgesch. **55** (1889). — 9. **Biedermann, W.**: Die Aufnahme, Verarbeitung und Assimilation der Nahrung. In: Winterstein, Handb. d. vergl. Physiol. II, 1. Jena 1911. — 10. Physiologie der Stütz- und Skelettsubstanzen (Mollusken). Ebenda III, 1 a. Jena 1914. — 11. **Bohn, G.**: Des ondes musculaires, respiratoires et locomotrices chez les Annélides et les Mollusques. Bull. Mus. Hist. Nat. 8. Paris 1902. — 12. **v. Buddenbrock, W.**: Versuch einer Analyse der Lichtreaktion der Heliciden. Zool. Jb. Allg. Zool. u. Physiol. **37** (1920). — 13. **Burkhardt, Fr.**: Das Körperepithel der *Helix pomatia* L. Diss. Marburg 1916. — 14. **Crosse & Fischer**: Recherches zoologiques pour servir à l'histoire de la faune de l'Amérique centrale et du Mexique: Etudes sur les Mollusques terrestres et fluviatiles du Mexique et du Guatemala. 7. partie, T. II. Paris 1878. — 15. **Dubrueil, E.**: Sur la constitution du canal excréteur de l'organe hermaphrodite dans *Leucochroa candidissima* Beck et dans le *Bulimus decollatus* L. C. r. Acad. Sci. **82,** 753 (1876). — 16. **Eckardt, E.**: Beiträge zur Kenntnis der einheimischen Vitrinen. Jena. Z. Naturwiss. **51** (1914). — 17. **Erdl**: Dissertatio inauguralis de *Helicis algirae* vasis sanguiferis. Monachii 1840. — 18. **Férussac, D.**: Essai d'une méthode conchologique. Paris 1807. — 19. **Flemming, W.**: Untersuchungen über Sinnesepithelien der Mollusken. Arch. mikrosk. Anat. **6** (1870). — 20. **Flemming, W.**: Zur Anatomie der Landschneckenfühler und zur Neurologie der Mollusken. Z. Zool. **22** (1872). — 21. **Flössner, W.**: Die Schalenstruktur von *Helix pomatia.* Z. Zool. **113** (1915). —1 22. **Frankenberger, Zd.**: Sur le cycle sécrétoire des cellules granuleuses dans les gandes salivaires des Gastéropodes pulmonés. Arch. Anat. micr. **19.** Paris 1923. — 23. **Franz, V.**: Lichtsinnversuche an Schnecken. Biol. Zbl. **39.** — 24. Über den Hautlichtsinn, Augen- und Fühlerreaktion bei Stylommatophoren. Zool. Jb. Allg. Zool. u. Physiol. **38** (1921). — 25. **Freitag, C.**: Die Niere von *Helix pomatia.* Z. Zool. **115** (1916). — 26. **Gartenauer, H. M.**: Über den Darmkanal einiger einheimischer Gastropoden. Diss. Straßburg 1875. — 27. **Geidies, H.**: Azanfärbung. Mikroskopie f. Naturfreunde IV. Jg. Berlin 1926. — 28. **Geyer, D.**: Unsere Land- und Süßwassermollusken. 3. Aufl. Stuttgart 1927. — 29. **Godwin-Austen**: On the Anatomy of *Ferussacia gronoviana* Risso. Proc. zool. Soc. London 1880, 662—664, mit Taf. LXIV. — 30. **v. Haffner, K.**: Über den Darmkanal von *Helix pomatia* L. Z. Zool. **121** (1923). — 31. **Hanström, B.**: Über die Intelligenzsphären des Molluskengehirns und die Innervation des Tentakels von *Helix pomatia.* Acta Zoologica. Internationell Tidskrift för Zoologi. **6.** Stockholm 1925. — 32. **Henning, H.**: Der Geruch. Leipzig 1916. — 33. **Herfs, A.**: Studien über die Verteilung und die ökologische Bedeutung des Flimmerepithels auf der Haut unserer Land- und Süßwassergastropoden. Verh. naturhist. Ver. Rheinland **82** (1926). — 34. **Hesse, P.**: Die Anatomie der deutschen Ferussaciiden, mit Bemerkungen über die Systematik der Familie. Arch. Molluskenkde Jg. 54 (1922). — 35. **Hesse, R.**: Über Grenzen des Wachstumes. Jena 1927. — 36. **Horsely, W.**: Additional Note on *Caecilioides acicula.* J. of Conch. **9,** 164 (1898/1900). — 37. **Jeffreys, J. G.**: Authenticated List of Land- and Fresh-water Mollusca of Western Suissex. Ibid. **3** (1880/82). — 38. British Conchology **1** (1862). — 39. **v. Jhering, H.**: Über den uropneustischen Apparat der Heliceen. Z. Zool. **41** (1885). — 40. **Kästner, A.**: Überblick über die in den letzten 20 Jahren bekannt gewordenen Höhlenspinnen. Mitt. Höhlen- u. Karstforschg. Jg. 1926, H. 4. Berlin. — 41. **Kisker, L. G.**: Über Anordnung und Bau der interstitiellen Bindesubstanzen von *Helix pomatia.* Z. Zool. **121** (1923). — 42. **Krahelska, M.**: Drüsenstudien: Histologischer Bau der Schneckeneiweißdrüse und die in ihr durch Einfluß des Hungers, der funktionellen Erschöpfung und der Winterruhe hervorgerufenen Veränderungen. Arch. exper. Zellforschg **9** (1912). — 43. **Krijgsman, B. J.**: Arbeitsrhythmus der Verdauungsdrüsen bei *Helix pomatia.* Zeitschr. wiss. Biol. Abt. C Vergl. Physiol. **2** (1925). — 44. **Kunze, H.**: Zur

Topographie und Histologie des Zentralnervensystems von *Helix pomatia* L. Z. Zool. **118** (1921). — 45. **Lehmann, R.:** Die lebenden Schnecken und Muscheln der Umgegend Stettins und in Pommern. (Hrsg. von E. v. Martens.) Kassel 1873. — 46. **Leydig, F.:** Die Hautdecke und Schale der Gastropoden. Arch. Naturgesch. Jg. 42 (1876). — 47. Zur Anatomie und Physiologie der Lungenschnecken. Arch. mikrosk. Anat. **1** (1865). — 48. **v. Martens, E.:** *Cionella acicula* als Anthrophage. Nachr. Bl. dtsch. Malakozool. Ges. 15. Jg., 60 (1883). — 49. **Matthes, W.:** Beiträge zur Anatomie von *Helix pisana* Müll. Jena. Z. Naturwiss., N. F. **46.** Jena 1915. — 50. **Meisenheimer, J.:** Biologie, Morphologie und Phyisologie des Begattungsvorganges und der Ei-ablage von *Helix pomatia.* Zool. Jb. System. **25** (1907). — 51. Die Weinbergschnecke. Leipzig 1912. — 52. **Mermod, G.:** Notes sur un appareil pulsateur chez *Hyalina lucida* Drp. Rev. Suiss. Zool. **28** (1921). — 53. **Mitteilungen** über die Lebensweise der *Caecilioides acicula*. Nachr. Bl. dtsch. Malakozool. Ges. Jg. 1869 u. 1870 (Lehmann, Mörch, Ullepitsch, Heynemann usw.). — 54. **Moynier de Villepoix, R.:** Recherches sur la formation et l'accroissement de la coquille des Mollusques. Thèses présentées à la Faculté des sciences de Paris. Série A, Nr 188. Paris 1893. — 55. **Nalepa:** Beiträge zur Anatomie der Stylommatophoren. Sitzgsber. Akad. Wien, Math.-naturwiss. Kl. I, 87 (1883). — 56. **Nold, R.:** Die Histologie des Blutgefäßsystems und des Herzens von *Helix pomatia.* Z. Zool. **123** (1924). — 57. **Pfeil, E.:** Die Statozyste von *Helix pomatia* L. Z. Zool. **119** (1921). — 58. **Pilsbry, H. A.:** Manual of Conchology. Second Series: *Pulmonata.* **19/20.** Philadelphia. — 59. **Plate, L.:** Studien über opisthopneumone Lungenschnecken. I. Anatomie der Gattungen *Daudebardia* und *Testacella.* Zool. Jb. Anat. u. Ontogen. **7** (1893). — 60. **Schmalz, E.:** Zur Morphologie des Nervensystems der *Helix pomatia* L. Z. Zool. **111** (1914). — 61. **Schmidt, G.:** Blutgefäßsystem und Mantelhöhle der Weinbergschnecke (*Helix pomatia*). Z. Zool. **115** (1916). — 62. **Schmidt, W.:** Untersuchungen über die Statozysten unserer einheimischen Schnecken. Jena. Z. Naturwiss. **48** (1912). — 63. **Schuberg, A.:** Zoologisches Praktikum. Leipzig 1910. — 64. **Semper, C.:** Beiträge zur Anatomie und Physiologie der Gastropoden. Z. Zool. **8** (1857). — 65. **Semper, C. & Simroth, H.:** Zur vergleichenden Morphologie der Pulmonaten-Niere. (Semper: Reisen im Archipel der Philippinen, II. T., **3,** Erg.-H. II.) (1894) — 66. **Simroth, H.:** Die Tätigkeit der willkürlichen Muskulatur unserer Landschnecken. Z. Zool. **30** Suppl. (1878). — 67. Über die Sinneswerkzeuge unserer einheimischen Weichtiere. Ebenda **26** (1876). — 68. Über das Nervensystem und die Bewegung der deutschen Binnenschnecken. Realschulprogramm Leipzig 1882. — 69. Versuch einer Naturgeschichte der deutschen Nacktschnecken und ihrer europäischen Verwandten. Z. Zool. **42** (1885). — 70. **Simroth-Hoffmann:** *Pulmonata* (Bronn: Klassen und Ordnungen des Tierreiches **3:** Mollusca) (1908 bis 1928.) — 71. **Sochaczewer, D.:** Das Riechorgan der Landpulmonaten. Z. Zool. **35** (1881). — 72. **Sordelli:** Notizie anatomiche sul genere Acme e su taluni parti dure della *Caecilianella acicula*. Atti Soc. ital. Sci. nat. **13** (1870). — 73. **Steenberg, C. M.:** Anatomie des Clausilies danoises. I. Les organes génitaux. Mindeskrift for Japetus Steenstrup **29.** Kopenhagen 1914. — 74. Etudes sur l'anatomie et la systématique des Maillots. (Fam. Pupillidae s. lat.) Kopenhagen 1925. — 75. **Strebel, H. & Pfeffer, C.:** Beiträge zur Kenntnis der Fauna mexikanischer Land- und Süßwasserconchylien **1—5.** Hamburg 1873—1882. — 76. **Täuber, H.:** Beiträge zur Morphologie der Stylommatophoren. In: Annuaire du Musée zoologique de l'Acad. impériale des Sciences **5.** St.-Pétersbourg 1900. — 77. **Thiele, J.:** Mollusca (Handb. d. Zool., gegr. von Kükenthal, hrsg. von Th. Krumbach, **5**). Berlin-Leipzig 1926. — 78. Zur Systematik der Mollusken. Arch. Molluskenkde Jg. 53 (1921). — 79. **Trappmann, W.:** Die Muskulatur von *Helix pomatia* L. Z. Zool. **115** (1915). — 80. **Wächtler, W.:** Zur Technik des Mollusken-Sammelns.

Arch. Molluskenkde Jg. 57 (1925). — 81. **Watson, H.:** The affinities of *Pyramidula, Patulastra, Acanthinula*, and *Vallonia*. Proc. Malac. Soc. Lond. 14 (1920). — 82. **Wiegmann, Fr.:** Beiträge zur Anatomie der Landschnecken des indischen Archipels. Zool. Ergebn. einer Reise in Niederländisch-Ostindien von Dr. M. Weber 3 (1893). — 83. **Wille, J.:** Untersuchungen über den anatomischen Bau der Lungenschnecke *Stenogyra decollata* L. Jena. Z. Naturwiss., N. F. 46. Jena 1915. — 84. **Willem, V.:** La vision chez les Gastropodes Pulmonés. Arch. de Biol. 11 (1892). — 85. **Wright, C. E.:** A Colony of *Caecilioides acicula* MÜLL. in Northamtonshire. J. of Conch. 8, 395 (1895—1897). — 86. **Yung, F.:** Anatomie et malformations du grand tentacule de l'escargot. Rev. Suisse Zool. (1911). — 87. Recherches sur le sens olfactif de l'escargot (*Helix pomatia*). Arch. de Psychol. 3. Genève 1903. — 88. **Zill, R.:** Die subepithelialen Hautdrüsen von *Helix pomatia* und einigen anderen Landgehäuseschnecken. Zeitschr. Anat. u. Entwicklgsch. (hrsg. von E. Kallius und H. Braus). 71. München-Berlin 1924.

Zeichenerklärung.

a Ausführgänge der Fußdrüsenzellen;
af After;
ant ant', Äste des Nervus tentacularis;
ao Aorta;
as Außenseite der Lungendecke;
at Atrium;
atg ausgestülpte Genitalatrien;
bc Buccalkommissur;
bf bogenförmige Furche;
bg Buccalganglien;
bh Bindegewebshülle;
bk Bindegewebskerne;
blu Bluträume;
bz Blutraum über der Zwitterdrüse;
c Cuticula;
ca Anheftung der Spindelmuskulatur;
cc Cerebralkommissur;
cg Cerebralganglien;
cl cr, linkes, bzw. rechtes Band des Spindelmuskels;
co Spindelmuskulatur;
cpc Cerebropedalkonnektiv;
cpl Cerebropleuralkonnektiv;
d Dünndarm;
de Eiweißdrüsen der Haut;
di Dünndarmdivertikel;
dk Kalkdrüsen;
dph Diaphragma;
e Wandepithel der Statozyste;
ed Enddarm;
ei Ei im Uterus;
eiz Eizelle;
eiw Eiweißmasse;
ep Wandepithel des Ovidukts;
es Eischale;

ew Eiweißdrüse;
fd Fußdrüse;
fdd dorsale Drüsenzellen der Fußdrüse;
fdm Mündung der Fußdrüse;
fl Flimmerbesatz;
fr Fußsaumrinne;
fv ventrale Drüsenzellen der Fußdrüse;
gö Geschlechtsöffnung;
in innerer Nierenporus;
k Kiefer;
kd Kloakendrüse;
kl Kloake;
kl_1 äußere Öffnung der Kloake;
kld Drüsenzellen der Kloakendrüse;
klh Kloakenhöhle;
kv Atrioventricular-Klappe;
ldo Divertikel des oberen Leberlappens;
ldu Divertikel des unteren Leberlappens;
lh Lungenhöhle;
llo oberer Leberlappen;
llu unterer Leberlappen;
lo obere Lebermündung;
lu untere Lebermündung;
lpar linkes Parietalganglion;
lpl linkes Pleuralganglion;
lppac linkes Pleuroparietal-Konnektiv;
lr untere Längsrinne;
m Mundöffnung;
ma Magen;
ml Mundlappen;
mm Retractor tentaculi minoris;
mp Retractor pedis;
mph Pharynxretraktor;

mr Mantelrinne;
ms Magenblindsack;
mrl Lippenretraktoren;
mt Retractor tentaculi majoris;
mw Mantelwulst;
nr Nackenrinnen;
ns Nierensack;
ns_1 innerer Teil des Nierensackes;
nst Nervus staticus;
nt Nervus tentacularis;
oe Oesophagus;
ov Ovidukt;
puh hintere Papille des Penisschlauches;
pav vordere Papille des Penisschlauches;
pc hintere Pedalkommissur;
pd_1 distales Drüsenpolster der Mantelrinne;
pd_2 proximales Drüsenpolster der
Mantelrinne;
pe Penis;
per Pericard;
per_1 unter dem Nierensack gelegener
Teil des Pericards;
pg Pedalganglien;
ph Pharynx;
plp Pleuropedalkonnektiv;
pn Atemloch;
po Periostracum;
pro Prostata;
prom Einmündung eines längsgetrof-
fenen Prostataschlauches in die
Samenrinne;
pvc Parietovisceral-Konnektiv;
rc Receptaculum seminis;
rg Renopericardialgang;
rk Riesenkerne;
rkg Kern einer Riesenzelle des Pedal-
ganglions;
rp Penisretraktor;
rppac rechtes Pleuroparietal-Konnektiv;

rpar rechtes Parietalganglion;
rpl rechtes Pleuralganglion;
rs Sohlenrinne;
s Seitenfeld der Fußsohle;
sb Stützbalken der Radula;
sd Sohlendrüsen;
sf Fermentzellen der Speicheldrüsen;
sg Speichelgang;
sh hintere Muskelsepten des Penis;
sk Sekretmassen;
skg gelb-grünes Sekret;
sl Schleim der Fußdrüse;
sld Schleimdrüsen der Haut und des
Mantelrandes;
slz Schleimzelle der Speicheldrüse;
sor Sohlenrinne;
spd Speicheldrüsen;
spo Spermovidukt;
sr Samenrinne;
sta Statozyste;
sv vordere Muskelsepten des Penis;
syk Syncytialkerne;
t unterer Tentakel;
tg Ganglion des Nervus tentacularis;
ud Uterusdrüsen;
uro oberer Ausführgang des sekundären Ureters;
urp primärer Ureter;
urs sekundärer Ureter;
uru unterer Ausführgang des sekundären Ureters;
v Ventrikel;
v2, v3, v4 Nerven des Visceralgang-
glions;
vag Vagina;
vd Vas deferens;
vi Visceralganglion;
vml vorderer Mantellappen;
vp Vena pulmonalis;
zg Zwittergang;
zgu aufgeknäuelter, unterer Teil des
Zwitterganges;
zw Zwitterdrüse.

Nachtrag.

Während der Drucklegung dieser Abhandlung erschien eine sehr wertvolle und genaue Arbeit von HUGH WASTON[1], durch die unsere anatomische Kenntnis der Ferussaciiden bedeutend erweitert wird. WATSONS Ergebnisse sind eine treffliche Ergänzung der vorliegenden *Caecilioides*-Monographie, da er neben *Caecilioides acicula* auch *Ferussacia folliculus* GRON. und *F. oranensis* BOURGT. untersucht hat; und es ist sehr bedauerlich, daß ich seine sehr interessanten Befunde nicht mehr berücksichtigen konnte.

WATSON weist die grundsätzliche Übereinstimmung im anatomischen Bau von *Ferussacia* und *Caecilioides* nach, hebt aber neben anderen, untergeordneten Tatsachen auch den angeblich in beiden Gattungen verschiedenen Ursprung des Penisretraktors als trennendes Merkmal hervor. Nach WATSON geht nämlich dieser Muskel bei *Ferussacia* in der üblichen Weise vom Diaphragma ab, während er bei *Caecilioides* einen Seitenast des Retractor pedis darstellen soll. Nach meinen Befunden trifft dies nicht zu; sondern der Penisretraktor entspringt auch bei *Caecilioides* am Diaphragma, wie das schon WIEGMANN (34) beschrieben hat. Diese, von mir bereits oben geäußerte Ansicht fand ich auch durch eine auf Grund der WATSONschen Abhandlung vorgenommene Nachuntersuchung bestätigt. Die Ursprungsstelle des Penisretraktors am Diaphragma liegt bei *Caecilioides* allerdings in unmittelbarster Nähe der Columella, so daß wirklich leicht der Eindruck entsteht, als ob es sich um einen Seitenast der Spindelmuskulatur handelt. Verschiedene Sektionspräparate lieferten mir übereinstimmende Bilder und auch eine Längsschnittserie bestärkt mich in meiner Auffassung, so daß ich überzeugt bin, daß das in der Abb. 80 dargestellte feine Häutchen, an dem der Muskel ansitzt, ein Teil des Diaphragmas ist.

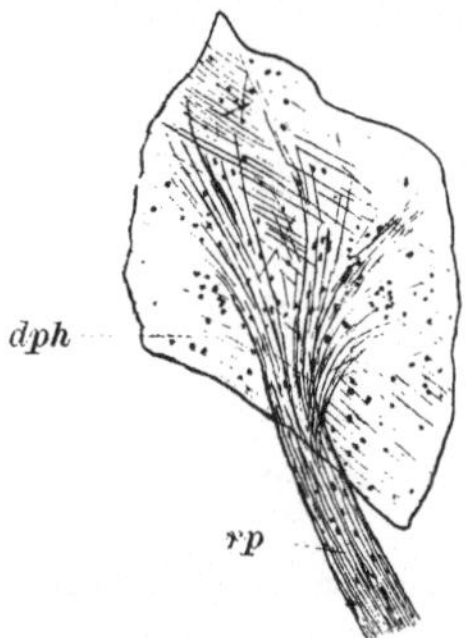

Abb. 80. Ursprung des *Retractor penis*. 200 × vergr.

---

[1] The Affinities of Cecilioides and Ferussacia, illustrating adoptive Evolution. Journ. of Conch. **18**, 8. 1928.

LEBENSLAUF.

Ich, WALTER WÄCHTLER, wurde am 18. 1. 1901 als Sohn des Schneidermeisters OTTO WÄCHTLER zu Mylau i. V. geboren. Nach Besuch der einfachen und mittleren Volksschule meiner Heimatstadt bezog ich Ostern 1915 das Lehrerseminar zu Zwickau, das ich im Februar 1921 mit dem Zeugnis der Reife verließ. Von Ostern 1921 bis 1924 war ich an der Volksschule zu Mylau als Hilfslehrer angestellt. Im April 1924 trat ich aus dem Schuldienst aus, um an der Universität Leipzig Zoologie, Botanik und Geologie zu studieren. Meine Lehrer waren hier die Herren MEISENHEIMER, RUHLAND, KOSSMAT, WOLTERECK, KRENKEL, WAGLER, GRIMPE und BACHMANN. Im September 1925 legte ich am Seminar zu Zwickau die Wahlfähigkeitsprüfung ab.